U0031938

ACCOUNTABILITY

從勇於負責,到善於負責,再到樂於負責

當責是:行為與行動致果的原力

當責要:燃放工作的熱情與魅力

獻給

能「當責不讓」，要「交出成果」的現在與未來領導人

「當責」為英文 "Accountability" 之中譯。

「當責」的「當」泛涵：當然、當權、當家，擔當、恰當、正當，當機立斷、為所當為，一夫當關、一馬當先，乃至「當責不讓」。

「當責不讓」取材自孔子名言之「當仁不讓」。原文是：「當仁，不讓於師」，意思是：「事師以禮，必請命而後行；獨當仁，則宜急行。」白話大意是：「服事老師要講究禮節，凡事總要請命後才能去做；但，如遇見有仁有義的事，連老師都不必讓了。」現代管理中，各階層領導人釐清角色與責任後，分層擔起當責，不拒、不懼、不讓，勇往直前，務其達成任務，交出成果（get results!）；是之謂「當責不讓」。

「當責」是現在與未來各階層領導人經營自己、領導團隊與組織，乃至加值社會的一個關鍵性觀念、架構、有力工具；當責要全方位幫助你「交出成果！」

3

目次 CONTENTS

第 1 篇　迎接一個翩然來臨的當責時代

西方逐漸由觀念衝突中走出，東方逐漸由未來需求中悟出。
當責的觀念與應用正逐漸在各種組織與機構中凝聚形成一種
當潮的觀念、一種臨界當量，其勢不可抑遏。

第 **3** 篇 當責不讓以經營自己領導團隊

當責是一種價值觀、概念、態度、行為、流程、架構與工具，如何用以領導他人及經營自己？典型的「當責流程」是什麼樣子？如何在各種組織與機構中靈活應用？期待一個當責的「蝴蝶效應」。

作者介紹

張文隆（Wayne W.L. Chang）

張文隆是「當責式管理」的先驅者與發揚者。他悉心研究並推廣其應用三十餘年，應用於高科技業、製造業、服務業、金融業、建築業、醫療業、大學／研究所，及政府機構。在美、台、日、星、中、越、馬、印等國開辦研討會一千餘場，參與者多從最高階團隊開始，然後向下推動，常造成震撼迴響與隨後的熱情推動；客戶規模從數千億營收至幾千萬者皆有。

現任當責顧問公司總經理，曾任杜邦公司事業部總經理。畢業於中央大學（學士）及美國密蘇里大學（碩士）；著有《當責》、《賦權》、《賦能》、《價值觀領導力》四書，得過經濟部金書獎、政大十大科管好書、國家文官學院年度選書、金融研訓院年度選書等獎。又因推動「當責式管理」有成，曾獲頒「100 MVP 經理人獎」與「國家智榮獎」。

捨我其誰？
──當責的無可取代

何飛鵬
城邦出版集團首席執行長

在拜讀過《當責》一書後，我認為我找到了一個清楚且關鍵的字眼，可以為企業主以及工作者所面臨的許多問題提供一個核心答案─「當責」。

當責（accountability）是上個世紀九○年代後，全球最熱門的企管管理理念，大多數世界級公司都全力推動。「當責」在中國翻譯成「究責」，在香港翻譯成「問責」，這兩種譯法都有更嚴苛的責任追究味道，台灣的管理界翻為「當責」，口氣緩和些，也較具人性，但意義相同。

衡量一個組織是否有效率、是否能完成工作目標、工作者是否能承擔責任，約略可以分成三種形態：卸責、負責與當責，績效不佳、管理不善的公司，通常是卸責組織；稍上軌道的公司，績效尚可，通常是負責的組織；卓越的公司，

績效卓著，極可能是當責的公司。

「當責」的基本概念其實很簡單，亦即一位專業的工作者不僅僅只是準時完成被交付的工作或任務，還必須要有得到好結果、好績效的企圖與決心。而其方法就是每個組織內工作者都要多做一點、多走一步。而這種態度的養成，將能使每一位工作者不論在遭遇多大的困難時，都會想盡辦法克服困難，完成原訂的目標，而不是兩手一攤、束手無策，將困難還給主管、老闆、或公司。

「當責」的許多情境與要求，其實都很像軍隊中的「誓死達成任務」。問題是，企業不比軍隊，在沒有「軍紀」這個不可抗命的前提下，該如何完成「當責」的最高境界呢？這當然要有精確的手段、方法、流程，而由此延伸出來的「賦權」（empowerment）觀念及做法，就是當責式管理的最佳實務。

「賦權」比「授權」更強調責任的授予與結果的要求，如果用大家更熟悉的中文來說明，則是「加持」。要讓部屬能「當責」，一定要在責任、能力、理念、工作的理想性等方面「加持」部屬，部屬才有可能變成當責工作者、當責管理者。

「當責」＋「賦權」，不僅是專業工作者所應具備的核心價值，更是企業的永續關鍵。

擔當全責、拒絕藉口、追求卓越、交出成果！

楊千

交通大學 EMBA 榮譽執行長

在現在網路發達的時代，一個知識份子想要透過印刷品有所立言，其實不容易，要在四年半內有十八刷，算是奇蹟。能為文向讀者推薦文隆兄的再版〈當責〉一書實在是學術界的我最大的榮幸。

身為教授，我當然有許多收藏的書。有些書偶爾會翻開來看一下，大部分時間都擱著在書架上；但有些書卻因為自己用得到，而再三閱讀與思考。最近幾年，我常在課堂上提到「責任」的重要性，所以就時常翻閱文隆兄的〈當責〉一書。我曾經展示我那本因翻閱多次封面已褪色的〈當責〉給文隆兄看，他就送了一本全新的給我。

「當責」(Accountability) 也可譯為「問責」也就是「唯你是問」的意思。問責有點被動的感覺是在一種推不掉責任

之下，將既定完成之任務扛起來。當責因是有點主動，是會有辛苦的感覺但不會痛苦。

英文中常用 guru 一字來形容一個人對某一理論或系統瞭若指掌，相當精通。文隆兄一生大半的時間是奉獻給了「Accountability」這一個字。我猜想他對這個字的所有相關，從聲音、影像到討論及理論應該到了 guru 程度，絕對可以授予「當責教父」的名號。

我們在大學裡頭教書，都在通才教育前提下裝備同學，讓他們以不變的通才去應萬變的各種雇主，學校的教材都在向同學傳達實務界歸納出來的一些原理原則，抽象的比較多。文隆兄則透過公民營各行業的實際接觸，長年累積了不少真槍實彈的經驗與心得，在「當責」這個標幟下鉅細靡遺、淋漓盡致地跟大家說明 what, why, how, 實在是讀者的福份。

公司每個產品都有一位 PM (Product Manager) 負責該產品生老病死的一切，算是「產品的總經理」。通常一位 PM 常兼顧好幾個產品。 我真正涉入 PM 的每日工作應是在 1995 年才開始。為了要帶 PM 才瞭解公司裡的一群稱作 PM 的人每天該做些什麼。當然，我首先要了解大家對 PM 的期望，或說到底該如何做個好 PM。我請教當時友訊科技的李

11

中旺副總(現為友訊科技分割後的明泰科技董事長)。我請教他說:「阿旺,到底PM該做什麼事情?」他很簡單的回答:「凡是沒人做的事情,都是PM的事。」這是我第一次對「當責」的體認。雖然在當時我還沒聽過「當責」這個中文名詞。後來在〈當責〉書中才看到「三不管地帶」就是當責者的責任區。此外,文隆兄在〈當責〉一書中提到張忠謀董事長在交大分享經驗說:「責任比權力來得早,年輕有為的人勇於負責,權力才會慢慢起來。」文隆兄並說這個觀點「學校教授可能不怎麼同意。」我帶過PM,我是完全同意張董事長的說法。我在學校甚至在鴻海內部培訓幹部也常常用這觀點鼓勵年輕有為的人要勇於負責。更且,我一直認為人的一生永遠在「責任比權力大」的日子裡。成功與失敗的人最大的差別就在於誰能夠在這種狀況下交出成果。

今天的各種公民營企業在規模上,在複雜度上,都比上一世紀初更大。在組織內工作的人們,面對瞬息萬變的環境,常會面臨權責不清的時候。組織的運作常因權責不清不是卡住就是膠著,要不然就是能言善道的人把責任推給代罪羔羊。

在一個組織中,許多任務是集合眾多的成員跨組織共同完成,到底每一個人的角色與責任(Role and Responsibility)

為何，常是講不清楚。如果不講清楚，每次任務出錯的檢討會議，通常很難真正快速而正確地解決問題。〈當責〉一書透過阿喜法則 (ARCI) 的原理及案例的說明，提供了一個很適合東方人的工具。

〈當責〉一書充分顯現文隆兄直爽的個性。有許多用字遣詞都很口語化地傳達他想表達的概念。我僅就其第三章內來說，就有一些句子像：「避免公公婆婆太多了」、「你就當那個豬頭吧！」。又比如說：「不夠 A 硬充 A」、「你以為，別人以為」、「一陣迷糊爛仗」。要用淺顯易懂的語言說明嚴肅的主題，須要有豐富的實務經驗與理論探討來支撐。這在華人圈中，應該以文隆兄為第一名了！

末了，我就用文隆兄常用的十六字真言與大家共勉來讓組織與社會向上提升：「擔當全責、拒絕藉口、追求卓越、交出成果！」

（2011 年 8 月 17 日）

專家推薦

英文中的 Accountability 一字，在這本書中，作者意譯為「當責」。它是一項逐漸發光發熱的管理概念與工具，意謂著──當責之下，捨我其誰！

當今的管理工具多如繁花，許多是由外在理性科學的角度出發，制定出應遵守的規範。新世紀，管理回歸重視人的價值，我們所談的「當責」，就是一種由心靈出發、智性之光所產生的信念。在運用的方法上，「當責」的概念一經開展，可以立即顯現一個清楚的座標，每一個角色都能找到定位，不會迷失方向，所以在管理上產生實際的效益。若能服膺「當責」理論，應用在個人發展，或經營團隊，到公司治理，甚至加值社會，都可以產生很大很遠的正面貢獻。

過去，「當責」（Accountability）與「負責」（Responsibility）的意義常是交疊不明的。尤其在華人社會，兩者就像學生子般，難以辨析其面貌；或者說，沒有集中心

力梳理其構成的基因。事實上,「當責」不是在這本書裡,才被「創造」出來的,它一直都是工作、甚至是做人的核心精神;但是作者觀察到了這個新語彙,賦予新生意義,並為兩者慎重「正名」,非常符合現今社會與企業價值觀的需要。

「當責」思潮已在全球波瀾壯闊地推進著,1990 年代以來,經常看到許多國際管理期刊和企業報導為文論述「承諾」、「行動」、「當責」議題,並強調「成果」。2000 年後,如杜邦、奇異(GE)、安捷倫(Agilent)、3M、微軟等跨國企業與專業組織如美國 PMI、英國 ITIL 等及許多中小企業,「當責」觀念都被重視、推廣與應用,在各處落地生根。此外,美國參眾兩議院亦通過「政府績效與成果」(GPRA)法案,明定聯邦政府得使用「當責」手法來執行專案,以提高專案成果與政府威信。在這關鍵的年代,台灣的社會與企業,實在迫切需要這種重要的觀念、信仰、與行動。

本書觀點犀利、寫作認真,收集豐富的當責資料與經驗,能廣知識,循例以進必能「交出成果」!作者博通東西,文中可見頗多的中英對照,這是作者期能帶出真義,寧願打破編輯體例與讀者閱讀習慣,還是要提供給讀者最真實

的原意。這大膽的嘗試，足見作者有苦心、不拘泥！數年前，中國生產力中心出版《還在找代罪羔羊？》一書，曾經談論過授權與責任的真義，極獲好評。此書更是就責任的觀點進階談論，扶梯而上，究竟會看到何種宏觀的視野？建議讀者可以自行登高望遠，見樹又見林。

觀念就是力量。「當責」的觀念及技術的確可以幫助工商業提升生產力。這是一本世界級的著作，推介好觀念責無旁貸──希望它的價值能在台灣，以及華人世界彰顯！

——許勝雄，中國生產力中心董事長；

金寶電子工業股份有限公司董事長；

仁寶電腦工業股份有限公司董事長

《當責》一書，為我們展示了有關「當責」這一最新管理理念的「全息視角」。在這本書中，我們既可以了解與「當責」相關的各種原理或原則，也可以從自主感、責任感、成就感等不同側重點出發，更深入了解「當責」在具體管理實踐中的效能與應用。同時，書中豐富的個案分析以及深入淺出的理念和方法闡釋，都為我們更好地把握「當責式管理」提供了上佳的讀本。

相信很多人在讀完本書後，都會有眼前一亮的感覺，原

來有關責任的話題，竟可以如此地引人入勝；原來，融合了「當責」理念的管理模式，是如此貼近日常管理的實際需要。

——李開復 博士，Google 公司前全球副總裁兼中國區總裁

文隆兄曾任職於台灣杜邦公司，與本人共事多年，在公司內歷任生產製造、管理改善、業務行銷等重要主管工作。對於企業管理與實務經驗豐富，卓見超群。杜邦為一全球性公司，所屬事業橫跨各產業領域，十多年前開始了銳西（RACI）的應用，以強化跨部門、跨組織、跨事業單位的團隊合作效能。至今銳西仍是杜邦在專案計畫與組織運作中，釐清角色與責任、強化團隊運作的有效管理工具，文隆兄參與其中卓有貢獻。爾後文隆兄本於個人興趣與專長，進而從事管理顧問工作，潛心研究組織與管理理論，並融入其數十年企業經驗，將心血與智慧的結晶集結成書，以進一步貢獻給廣大的知識工作者，對提升個人與組織的競爭能力將有很大的助益。本人很高興看到文隆兄能將其在工作上的經驗及歷練繼續深耕發揚，並分享予廣大讀者。

——蔡憲宗，杜邦公司前全球人力資源部亞太區總裁

安捷倫科技在 2000 年自 HP 獨立上市後，除保留「惠普風範」的傳統，特別選擇 "Accountability"（當責）做為新公司最重要的企業文化。做為安捷倫科技台灣區董事長，如何將「當責」成功地植入組織的文化及每位員工的行為準則，一直是我最重要的工作之一。張文隆先生潛心研究「當責」十餘年，是我所知道目前在台灣對「當責」花最多心血、最有研究、最多涉獵的專家；我有幸能經常和他討論，交換心得，因此獲益良多。他準備這本書已花了五、六年的時間，現在大功告成，恭喜他；也相信對台灣企業主管們，強化執行力，造就高績效、高競爭力的組織，將會有很大的貢獻。

——詹文寅，

安華高（AVAGO）科技公司前副總裁暨亞太區總經理

這是一本高階主管或經理人甚至基層人員必看的一本好書，「當責」是一個 21 世紀從事知識或科技工作者必備之理念。若你是經營者，你的改變會創造一個更有競爭力的公司；若你是一位部門主管，你的改變會使部門更有效率，其他部門也更願意與你共同效力；若你是一位基層人員，你的改變不只是工作表現不一樣，你是可以被信任的、

而且有擔當的，你是下次升遷的最佳人選。看完這本書，像看完了許多近代管理學名著，及成功經營者經歷；這是一本相當經典之管理實務著作。

——楊敏聰 博士，昇陽國際半導體公司董事長

正如一位頂端的運動家，不僅準確、動作也優美；建立成功的企業更需要優美的方法。《當責》這本書及其所介紹經營概念，用正面並具體的方法來激發人性，更能使企業達到長久的成功。更重要的是這種當責的概念與方法，若能向上延伸至社會中，成為人人處理事務的態度與文化；這將會成為社會國家之福。特別在這崇尚個人自由的時代，若沒有從個人自內心的改變，外加的枷鎖最多只能達到一時的目標。因此，《當責》這本書，不僅是職場人要看的書，也是對人人有益的書。

——翁志道 博士，美國 CAPFOS 公司總經理

剛開始，"Accountability" 這個字，在很多國際管理期刊和企業報導上，零星出現。漸漸地，躍為章節名稱；最後，終於出現在書的標題上、在各公司要建立的文化上、在顧問的推動計畫裡。匯聚成一股洪流，向企業界直奔而

來。的確,在全球化、複雜性逐漸提高的今天,很多主管都對公司裡沒有成果、進度遲緩、互相指責的企業文化,挫折不已。提高個人和團隊的「當責」,可說是扭轉這個問題的重要關鍵。張文隆先生是國內最早注意到「當責」重要性的人士之一,在本書裡,他深入淺出介紹當責的概念和應用;並以多年擔任高階主管和顧問的經驗,長期深入的研究,加上幽默的文筆,讓本書的可讀性和啟發性大為提高。我期待這本書中的概念能夠大量在企業,甚至社會裡推廣,讓人人負起當責,讓藉口、推諉無所遁形。

——方素惠,《EMBA 雜誌》總編輯

張文隆先生以自身的經營管理經驗為基礎,再吸取百家的精華,提出 "Accountability" 的完整理論及實踐範本,的確令我讚賞與推薦。本書讓我最為震撼的,是引述美國矽谷顧問藍祥尼所言:"Without accountability, results are a matter of luck.",一語道出本書的用心及其價值所在。「當責」建立起一個組織的效能、執行力、目標達成率,更帶動起組織內的責任心、榮譽感、向心力、團隊合作及相關的文化。我從 Toyota Way 中,就可印證到這些。反之,在一個組織裡,「當責」不足時,你就常看到或感受到許多的消極

及焦躁；漠視、否定、交相指責⋯等，所謂的受害者併發症。這樣的組織，產品品質問題層出不窮、士氣渙散、人才反淘汰、變成經營管理的夢魘。我相信讀者讀完本書後，一定與我同樣感到「當責」的重要與價值。

——林渝寰 博士，宏達科技公司前執行長

「找」對的人，做對的事。」在張文隆先生的《當責》中得到了重生與發揚光大。公司之所以跛足難行，而無法提高大家所念茲在茲的執行力，其中最大的可能原因是各級大小主管、官員在負責任的同時，於公於私都打著「公婆皆有理」的小算盤；可惜的是，這些小算盤集合在一起導致的是各自為政，表面上大家都認真負責，結果卻辦砸了事。怎麼辦？張文隆先生的《當責》從口號落實到原理、原則及施行細則，這真是本提高公司執行力的教戰守則。

——江瑞鵬，

Principal Consultant, Finmax Consulting, USA

「京」元電子為全球最大的 IC 測試製造服務公司，員工每天處理數百個客戶、數千種產品，必須精確的完

成所有產品的測試，並準時送達客戶。需要每位員工及各個部門間緊密的配合，必須塑造完全負責任的企業文化；"Accountability"（當責）即當責不讓、放棄藉口，負起全責無理由，為達成任務的關鍵觀念。本公司很榮幸於本書未出版前，即邀請張文隆先生為京元電子全體主管上了一天這門精彩課程，並得到極大的迴響。Accountability 不僅是一個管理工具，也是我們為人處事負責任的正確態度，也已經成為京元經營管理的重要工具——立即拒絕藉口，去執行你的任務、並交出成果吧。

——梁明成，京元電子股份有限公司前總經理

最近這幾年，在企業界常聽到 "Accountability" 這一詞，大家也隱約了解其重要性；但，對這一詞更深遠的意涵與如何實踐，並無人去做深入的探討與琢磨。當張文隆先生向我提及他要出一本有關「當責」（Accountability）的書，我立即感覺到這是一項企管界的重大工程。為了想搶先了解這本書的堂奧，就請張先生到遠東企業研發中心與主管們做了一個研討會，張先生以幽默輕鬆的方式釐清了複雜混淆的「當責」觀念與執行，分享了我的同仁，並獲得同仁極度的好評。事實上「當責」的應用不僅在企業界，各行各

業都用得上；最好從小就要培養，就像本書第二篇第四章所提「當責」的最基礎是從個人開始，再做一個當責的家庭成員、企業成員；這也和我們儒家的傳統思想：修身、齊家、治國、平天下，不謀而合了。

——吳汝瑜 博士，
遠東企業研發中心前執行長；遠東紡織公司前副總經理

上班族一定要懂得「當責」；管理者必須要熟悉「當責」；經營者與領導人則應該把「當責」內化，當作呼吸一樣自然！

文隆兄與我在美國杜邦公司共事多年，雖然負責不同的產品及市場，但是接受過許多相同的訓練，包括 ARCI，因此我們有許多共同語言及類似管理經驗。

我們的職業生涯中，每天都有許多機會運用「當責」。我舉一個親身經驗為例：我曾經接管一個資訊系統部。當時公司正處於轉換電腦系統初期，遇到了許多難題。像是因溝通障礙使使用者陷入「受害者迴圈」，或是廠商不願承擔責任等等。

最後公司成立一個「企業流程辦公室」(Business Process Office，簡稱 BPO)，徵招較資深且有電腦概念的人員組成

一個新團隊，扮演中介角色，以避免「三不管地帶」(white space 或 grey area) 再度出現，並清楚地劃分權責 (RACI)，專案經理須負成敗全責 (Accountability)，資訊系統部主管負責 (Responsibility) 提供資源及協助。

本書撰寫期間，我曾經邀 Wayne 對 BPO 同仁講授「當責」，獲得極佳迴響。我強烈建議讀者,「當責」書要買，也要看；但是有機會應該請 Wayne 去親自分享，不但可以加強吸收 (「當責」知識與技巧)、幫助消化 (使「當責」內化)，還能使你在職場表現更有效率、更有效果，更得心應手！

——林宏義，保德信人壽前資深副總經理

初版作者序
一個攸關事業與人生成功的權力與責任探索之旅

張文隆

第二次世界大戰後期，戰爭正吃緊。美國人所敬重與信任的小羅斯福總統突然去世，副總統杜魯門被急召入白宮，羅斯福夫人告訴他總統已去世。據報導，杜魯門當場震住，片刻後問道：「夫人，我可以幫你什麼忙嗎？」羅斯福夫人反問：「我們可以幫你什麼忙嗎？因為，你現在才是有大麻煩的人。」隔天，杜魯門宣誓入主白宮，會後對記者們直言：「我覺得月亮、星星，及所有的星球，都落下壓在我身上了。如果你們曾經禱告過，現在就為我禱告吧。」

大責加身，當時不只杜魯門擔心害怕，更擔心害怕的是美國人——他們擔心害怕這個經常不得人緣的新任美國總統，能在此二戰末期的重大關頭，完成重任嗎？

我對杜魯門總統的生平事蹟有較多涉獵，也曾親訪他在

美國密蘇里州獨立市家鄉的總統紀念館，猶記他橢圓形辦公室桌上擺著座右銘正是 "The buck stops here."──中文意譯是：「責任推拖，到此為止」。"buck" 在美國原來是一種打牌時放在牌桌上推來推去，以推定下次發牌人的鹿角柄小刀，所以 "Passing the buck" 被喻為推卸責任。杜魯門總統提出 "The buck stops here." 是說凡事到此定案，不會再推拖了。他說起來擲地有聲，做出來也轟轟烈烈；於是，不久兩顆原子彈在爭議不斷中定案掉落日本，二戰不久也結束。決斷力延續至他第二任期，讓人印象深刻的是，他毅然決然，免職了在韓國戰場上聲望如日中天，卻不斷批評他的麥克阿瑟元帥。

杜魯門總統是在惶恐中接下重責大任，在理清頭緒也躊躇滿志之餘，又出一句膾炙人口的名言："If you can not stand the heat, stay out of the kitchen."──意思是，廚房裡，主廚作菜，煎炒煮炸，刀光火影，火熱無比，如果你不能忍受火熱，就請你退出廚房，一旁涼快去；不要推拖拉扯，抱怨連連；而是要扛起責任，義無反顧勇往直前。這句話與前面的 "The buck stops here." 前後輝映，也成了領導人負起「當責」（Accountability）的最佳註腳與最佳寫照。

對企業人來說，杜魯門總統也是典範。他除了直言無

諱，一針見血外，在戰後百事待舉的內政與外交上，他都能抓住重點分出優先（priority），並漸次達標致果，成為彼得‧杜拉克（Peter F. Drucker）公開讚揚為管理最成功的美國總統。

或許，你不以為然，你在想：

● 他是總統，最後決策當然由他負責敲定，不是嗎？

● 職位越高的人，通常也有更大的機會、更多的藉口來推諉塞責乃至爭功諉過，不是嗎？

● 幕僚團或委員會可以做成最後決定嗎？高位者可以在這裡玩出很多把戲。

● 接受責任總是這麼緊張嗎？天降大任是這麼突然嗎？那麼，你有準備嗎？

軍事戰爭終究是比企業競爭嚴峻、殘酷多了，戰爭常不只是將領本身的安危榮辱，還涉及幾十萬大軍生死，還有戰後的政經大勢。所以，軍事中對責任的體認與執行就遠比企業界嚴肅、認真多了，大將風範也常成為企業界典範；畢竟，有時是商場如戰場。下面所述，同樣是二戰後期的一個歷史故事。

6月5日，是同盟國聯合大軍登陸諾曼第的前夕，盟軍

統帥艾森豪正式下達登陸攻擊令後，從口袋裡拿出紙來，寫下了他可能要對新聞界發佈，但希望永遠不會發生的事。他寫下：

我們的諾曼第登陸戰無法取得滿意的灘頭陣地，因此我已下令撤軍。我決定在此時此地進行攻擊，是根據可以獲取的最佳情報。部隊將士都很勇敢盡職，如果有人要責怪，就只責怪我一個人。

如果登陸失敗，後果艾森豪最清楚，那是一場政治與軍事上的天大災難，西歐的再次登陸乃至成功光復至少再延數月，但東戰場的蘇聯紅軍正乘勝追擊，節節進逼；史達林佔領的將不只是德國，甚至遠達北海，因此，大部分西歐將在戰後淪入鐵幕——不只是我們所習知的東德加東柏林。

在此，我們可以再想想：

● 諾曼第登陸失敗，因素太多，後果太嚴重，絕非一人所能承擔，艾森豪可以責怪的天、地、時、人等因素實在太多了。

● 艾森豪一定可以找到一些天造地設、無懈可擊，並且是引經據典的好理由。

⊛艾森豪為什麼不找那些正當理由？

他承認失敗責任後，可能立即被撤換，羞辱下台、回家，並準備當個清清楚楚也親筆自承的歷史罪人。

在企業界，「只責怪我一個人」如果不是一時賭氣話，就是稀有人才的想法——我們還是比較習慣於相互指責（finger-pointing），意興所至把 brainstorming（腦力激盪會議）變成為 blame-storming（瘋狂責怪大會）；有時，沒有相互指責只是因彼此心意已定，不忍相責；或心照不宣，各懷鬼胎。為什麼「只責怪我一個人」：

⊛我只是一個小領導人，要為那些我無法控制的因素，負起成敗責任嗎？

⊛其實，我這位置授權不足，授責不清；我為什麼要負那個責任？

⊛我自告奮勇，負起全責——會不會在職場上死得更快或死不瞑目？

交相指責沒有贏家，最後都將成為輸家；更精準地說，大家都會陷入所謂的「受害者循環」（victim cycle）之中，不得脫身，終是成了「受害者」：

⊛無辜的自己，無端受他人（老闆、同事與部屬）之害。

- 無辜的自己，無端受環境（天、時、地、人）之害。

- 典型的城牆失火，殃及池魚；我可是無辜的小魚兒。

- 典型的時不我予，滿腔熱忱，只能徒呼負負。

- 典型的本位主義作崇，到處銅牆鐵壁，無辜的我是撞得滿頭庖。

「受害者」當久了，自怨自艾，難以自拔也自成一派；因經驗豐富也編出一系列藉口：

- 美國有一家公司因此編列二十種常見藉口供員工選用；例如，你想說：「那不屬於我的工作」，寫出編號「3」即可，不必再多說。

- 還有一家大石油公司，大老闆發現，他的主管們業績沒達成時，總是怪罪天氣——天氣對石油業確實有影響；於是，他乾脆規定每位主管有權（entitlement）每年可怪罪天氣一次，配額用完了就不能再用了。

> 「藉口比謊言更壞、更可怕，因為藉口是一種被防護著的謊言。」
> ——波普
>
> *An execuse is worse and more terrible than a lie; for an*
> *excuse is a lie guarded.*
> ——*Pope*

在「受害者循環」內呆久了就習以為常，滿足現狀，大家以弱者自居，爭取同情，甚而因此得到好處；於是，「我也是受害者」成了口頭禪，不再追究責任，甚至，放棄責任放棄權力也在所不惜。於是，受害者再向下沈淪成為「受害者頹尚」（victimization chic），在這種頹尚之風庇護下，受害者不只是自怨自艾，可能還會自困自殘，以享受一時或全時的弱殘自虐或被虐世界。

質言之，「受害者循環」內的人仍未放棄權力、權利、責任，與目標、成果的，他們只是權責不清：

● 總是難以釐清權責，後來就不想釐清了。

● 有時在權責混亂中仍然成功達陣，很得意的。

● 有時游走責任灰色地帶，很慶幸地驚險脫身。

● 有些人因而練就一身功夫，進可攻退可守，進退之間，爭功諉過也屢有斬獲，故樂此不疲。

● 談到權利？常與成果無關，更是一場迷糊戰，我們確定要把權責弄清？可以弄清嗎？

介乎其間的，還有一類型的人則陷入「保權循環」（entitlement cycle）中，這些人認為因循前例與上意而享有

特權，受之無愧；或者，天賦我權，不容侵犯。兩種狀況下，都得傾力保權，職責則屬其次；他們的心態總是這樣的：

● 不管績效如何，基本上我的工作可以做到退休；不是金飯碗，但也是鐵的吧！

● 我的一生青春盡花於此，我當然值得升等，年資也已到了！

● 我已努力夠多了，還過頭了，公司是欠我的；當然要逐年調薪，而且幅度要夠。

● 我只是負責行動的，老闆是應該為我設定方向，並做出決策。

上述是史塔維齊（M. M. Starcevich）博士的論述，看來是：心態不分東西方，國內、國外一體適用。這些人有官僚體系、有工作保障、希望保持現狀、有許多教條例規、總是由上而下指揮、講究單一技能、工作績效不是很重要；每個人進了組織，定了位置就享有固有權利，順理成章，自自然然。於是，大家進入循環，依樣畫葫蘆，像在一個軌道上運轉，各安其位，各司其職，也常是尸位素餐。

這型員工可音譯為「因循怠惰員工」（entitled employee），他們緊抓權力與權利，表面上也努力工作，因循組織體制與運勢，也總有些成果；但沒有成果時，也沒有多大關係，因為：

* 沒有功勞，也有苦勞。
* 志在參加，不在得獎。
* 只問耕耘，不問收穫。
* 但重過程，不計成果；還有……
* 雖敗猶榮。

「因循怠惰」員工常感到困惑的是：

* 權利固有，為何一定要連上責任？
* 責任就是工作，工作就是工作，為何一定要連上成果？
* 提升責任會讓固有權利減少或失去嗎？
* 責任又要提高到什麼程度？不能無限上綱吧？

　　「責任」的英文是 Responsibility，原意是 response+ability，指的是回應、回答的能力，或履行義務的能力；故，是要擁有完整狀況（situation）的，而非否定它、責怪它，或加予合理化。

以因果效應（cause-effect）來說明，「負責任」是要對你所處的狀況，能同時完整擁有因與果；不是單純視自己為果，別人或環境為因；或自己為因，別人或他事為果；負責任是：

● 坦然接受過去選擇所形成的現在狀況。

● 坦然承擔自己的學習、改進，與成長，以達成自己最後的期望。

● 培養能力以回應、回答責任與義務。

　　一代分析治療心理學大師榮格（Carl Yung）說：「把生命放在自己手上，你會發現，你沒有其他人可責怪。」

　　作家王文華曾在史丹佛唸完 MBA（企管碩士）後，在外商擔任高階主管。他在《史丹佛的銀色子彈》著作中，曾描述一段他在洛杉磯實習的故事：他一催再催一份委外研究的報告，最後仍然未能準時收到，害他無法準時完成總報告，他無奈無辜地向老闆解釋時也責怪了委託商，老闆卻說：

　　"Shut up! Do something"——「閉上嘴！做些事吧。」

　　老闆並責問：電話達不成，為何不開車去？辦公室找

不到就等，等不到就到他家去！為何沒有 Plan B（備案計劃）？

看來，成果沒交出就是任務未了。西方人好像不太理會「我已盡力了」、「沒有功勞也有苦勞」那一套；於是，王文華提論：

* 100 分是本份
* 105 分是天份
* 110 分則是專業精神

不只 Do Something，還要 Do More——也就是西方人常說的 "One More Ounce"（多加一盎司），就是針對達成最後成果，多加一點責任、多加一點決心、多加一點自動自發精神。他們如是又說：如果盡責盡職，那麼你是稱職員工；如果多加一盎司，你可能會成為優異員工；因此，多加一盎司，工作與成長就可能大不相同。

一個真正負責的人，其實就是一個具有 100% 的責任感者：他 100% 地擁有整個狀況、100% 地傾注心力，要交出最後成果。

105% 或 110% 的責任感，就是多出了一盎司的膽識、見識，與學識，他們的目標是：更加保證可交付最後成果，

或交出更高的最後成果。

　　就最基本的意義來說,「當責」就是像:

✱ 105％或110％的專業精神與自動自發精神。

✱ 多加一盎司。

✱ 知道什麼時候是:「只要責怪我一人。」

✱ 知道什麼時候要:"The buck stops here."

　　如果,你擁有100％的責任感,心堅志定,總是全力以赴,你的事業與人生一定會成功。仿數學式來運算,100％是1.0——歷經人生無數次的1.0責任感運作,是1.0的n次冪方:

$$(1.0)^n = 1.0 \times 1.0 \times 1.0 \times 1.0 \times \cdots\cdots = 1.0$$

　　這是完整穩當的100％人生與事業,是可喜可賀的。相反地,如果你身陷「受害者循環」中無法自拔,也乏人指點無法自我提升——你的責任感已非100％,可能已下降至60％;60％是0.6,同樣地歷經人生無數次的運作後,數學式最終會趨於0,方程式是:

$$(0.6)^n = 0.6 \times 0.6 \times 0.6 \times 0.6 \times \cdots\cdots \longrightarrow 0$$

如果，繼續沈淪至「受害者頹尚」的庇護下，責任感可能已下降至 20％左右，n 次運算的數學方程式是：

$$(0.2)^n = 0.2 \times 0.2 \times 0.2 \times 0.2 \times \cdots\cdots \longrightarrow 0$$

所以，不論 60％或 20％，終是歸零，時間快慢而已。

然而，如果你多加一盎司、多一份自動自發的專業精神，具有 105％乃至 110％的責任感；那麼，在無數次的事業與人生運作後是：

$$(1.05)^n = 1.05 \times 1.05 \times 1.05 \times \cdots\cdots \longrightarrow \infty$$

$$(1.10)^n = 1.1 \times 1.1 \times 1.1 \times 1.1 \times \cdots\cdots \longrightarrow \infty$$

兩式最終都是趨近於無限大，只是時間快慢而已。

如果是選擇一個 200％的責任感呢？那可能是「以天下興亡為己任」，是「鞠躬盡瘁，死而後已」的悲劇，是不知授權與授責為何物，視工作與生活平衡如草芥的「責任感中毒」現象；智者不取。

選擇一個更成功的事業與人生嗎？

閱讀本書足以誘發一趟探索之旅——是一個攸關成功事業與人生的權力與責任冒險之旅，在「當責不讓」的旅途上，總是蘊藏有許多冒險與難題：

* 105％或110％的責任感又增加多少達標希望？

* 授權與資源常不足，不到50％，怎麼辦？

* 授權在國內企業實務上一直都是一大挑戰，如何克服？

* 授權後也要授責嗎？如何要求，或邀請責任？

* 責任先？還是權力先？是雞與蛋孰先孰後的同樣困擾嗎？

* 授權後，權力就收不回來了嗎？

* 如何解決有權無責與有責無權的困境？

* 角色與責任如何有效釐清？

* 權力、責任，與權利常沒有直接關係，輕易下注太冒險了嗎？

* 還是回到渾水摸魚的世界，常有漁翁得利的機會？

* 聽說責任學如熱力學，也有責任守恆定律：一方不當多負責任，另一方就會不當少負責任；負過重責任是一種中毒現象，是嗎？

　　開啟下列各章節！在這趟旅程中，「當責」貫徹始終，是我們所憑依的概念、流程、架構，與工具，是要完整解答上述的許許多多難題。

如果旅途順利，本書的最大成就將是會逐漸協助你：

$$0.2 \times 0.6 \times 0.6 \times 1.0 \times 1.0 \times 1.1 \times 1.1 \times \cdots\cdots \longrightarrow \infty$$

或者，在你「頓悟」與「決志」後，更簡單有力的成功方程式，是：

$$0.6 \times 1.1 \times 1.1 \times 1.1 \times 1.1 \times 1.1 \times 1.1 \times \cdots\cdots \longrightarrow \infty$$

這些數學式承蒙美國舊金山的翁志道博士、江瑞鵬顧問，及台北的林宏義資深副總，相繼提出意見、提昇意義，令人印象深刻，謝謝他們的分享。

更重要的是：成就這些事，主動權總是操之在己，是「毋需揚鞭自奮蹄」！

享受這一趟探索、冒險、發現，與成功之旅吧！

（2006 年 8 月）

再版作者序與學員迴響
當責理念與應用在國內與國外正不斷擴展中

這是再版,是初版出版四年半十八刷後的再版。

在主題與內容上沒有什麼更動,但很自覺汗顏地又更正了許許多多的筆誤與排誤。值得一述的是,我在每一章之後都加了一節:「回顧與前瞻」,主要是針對這四年多約四百場與當責有關的演講及各類研討會與顧問活動的結果,做個回顧與分享,並分析趨勢。

這個分享又進一步化成了再版書中的一個新的章節,亦即「學員迴響」,錄於初版「專家推薦」之前,共有45條,是從那四百場感言中抽樣而出的,重新回顧,往事歷歷。

這些學員最初主要來自高科技公司,然後擴充到一般製造業,又擴充到金融保險服務業及一般服務業,又擴充到大型醫院與政府機構。這些公司或機構的規模從數千億營業額到數百億乃至數億的都有,學員大多是從最高主管開始,依階層而下至基層主管或員工,甚至還推到一家半導體公司的所有菲籍技術員。就國籍言,還又涵蓋了台、美、日、中、

星等國企業。謝謝他們的熱情參與，他們的迴響也讓本書的再版更有意義，讓本書的內容更具實用價值，也讓人體認到當責時代的真正來臨。

2010 年 5 月的大學畢業旺季裡，美國摩根大通銀行的 CEO 傑米 · 戴蒙（Jamie Dimon）在雪城大學的畢業典禮上即以「如何做到當責」（What It Takes to Be Accountable）為題發表演說。他認為，必須要有五項特質，即：勇氣、知識、忠於自己、知道如何處理失敗及謙虛，與人性關懷；此外，也需要有堅強的性格，才能在人生的各個層面為自己負起當責。

無獨有偶地，同年同月裡，花旗集團執行長潘迪特（Vikram Pandit）也在約翰 · 霍普金斯大學畢業典禮上演講：「負責任的領導」（Responsible Leadership），潘迪特強調領導人應該採取行動，將強烈的責任感深深植入他們的組織之中。

政大企管名師司徒達賢教授在教了三十幾年的 MBA 後有感而發，認為在所有讓事業成功的各種人格特質中，「責任感，最重要」他說，「如果缺乏責任感，就算其他特質一應俱全，也是枉然。」司徒教授強調，他的長期經驗顯示，MBA 必須同時擁有高度的責任感，最後才能出人頭地。

　　本書精準分析「責任感」，讓「比負責更負責」的「當責」條理分明，昭然若揭，而且應用有道。本書原本是較偏重高中階主管的應用，幾百場研討會後，發現也普受基層主管與一般員工的歡迎，甚至也擴充到青年學子了。

　　在過去幾年裡，我也在約十所台灣的大學裡講演當責，最先以為只有 EMBA 才能消化吸收，後來到 MBA，又到一般大學部，最後還到大一學生，也感受到青年學生的熱情與對人生的及早體驗。

　　讓當責繼續不斷往前行，依照它自己的行程持續不斷地走入各處人生。

　　最後，要感謝陸聖喆先生的封面設計，他畢業於美國舊金山藝術大學與義大利著名的佛羅倫斯藝術學院，華裔美籍，在歐洲開過許多畫展；再版封面，簡單有力，充滿創意與新機，也正是本書所宣揚的主題。

張文隆

2011 年 7 月記於台灣新北市

學員迴響

　　本書初版出書後，當責有關的課程、演講、研討會、輔導會與專案顧問及高階教練等相繼推出，在過去三、四年中在國內外舉辦過約四百場，場場精彩震撼，學員熱烈迴響，底下是 45 則抽樣，原汁原味與再版讀者分享。

* 當責真有「份量」，原本擔心會很「教條」，但顧問講解很清楚，直接打進心裡。

* 感謝公司提供這麼好的管理課程，希望當責能夠逐漸發酵，進而形成企業文化，提升本公司的競爭力。

* 講師的上課風格很有激勵作用，聽覺感官震撼，good!

* 建議工程師以上必修，如主管級有缺課，要求務必補課，親身感受老師的 power。

* 以前，只學習了概念；現在，學習了骨血精華。

* 一句話形容今天課後感覺：自己的火不能滅，還要點燃別人的火！

* 這是個人上過公司安排的課程中，受益最深的一堂課；不僅有理論的講解，還加上實務的對照。

* 全新概念！多年職場經驗及管理心得豁然開朗，透過 ARCI 的操作，應可解決內部錯綜複雜的管理。

- 熱力四射，知識淵博，引人入勝；內容生動有幫助，富有感染力。

- 對工作的熱情其實一直存在的，只是之前被人吼回去，現在又被老師吼回來。

- 老師語氣抑揚頓挫，讓課程顯得更活潑有趣；很享受老師的特殊教學方式。

- 當責萬歲！

- 十六字箴言的運用、兔寶寶的方法，是我今後工作中遇到問題時的法寶。

- 開始檢視自己的工作態度，從現在起做出改善，做一個當責的人。

- 要把當責的觀念在領班第一線基層幹部中進行宣導，逐步轉向員工擴散。

- 張老師對於當責有相當完整的說明，旁徵博引十分精彩。

- 講師很能抓住學員的集中力，講到實務面的部分很貼近實際，且 workshop 的討論是有幫助的。

- 做好 Personal Accountability，潛移默化地改善部門的工作氛圍。

- 呼應前面那位同仁說的感想：醍醐灌頂，我的感想是：震聾發聵。

* 能幫助我擴大影響力，統一價值觀，建立當責的團隊。

* 把團隊中習慣的「等待」，改進為當責式的「Do Something」。

* 沒有遇過這麼吵的老師，永生難忘，收穫很多。

* 主管以身作則，把當責的觀念與執行帶到單位中，讓當責形成公司文化，把當責的觀念植入每位同仁的行為中。

* 震憾！很久沒有遇到這麼棒的講師和課程了。

* 當責需要一股勇氣與體認，要大聲表達出「我就是 A」外，還要維持這股熱情不斷；尤其身為中間幹部的經／副理特別需要這樣的態度。

* 熱情提升到最高峰，使命感的壓力就來了；要推動基層人員是有難度的、是有挑戰的。

* 希望能規劃為全公司同仁必修課程，使大家都能認知到公司的政策轉變。

* 今天授課當責（accountability）主題的張文隆講師，很屌！！

* 勇於負責、善於負責、樂於負責；希望每天都要當責，不管工作或家庭；此課程增加我們的正面能量。

* 有如沐春風的感覺；當責精神真的感動很大，期許自己能身體力行。

* 最容易吸收的課程，非常精采，連晚上睡覺都還在思考。

* 跟工程師或組長討論問題時，會想到 ARCI 法則，期待能將白色地帶減到最低。

* 本次訓練正好是我最近一直感到困惑的問題，講師給了不錯的答案。

* 原來對工作負責還是不夠的，當責是有責任在成果上達成目標；此亦為目前公司所欠缺之精神。

* 老師非常專業，非常熱情；超嚴肅的主題，卻可以笑聲不斷。

* 以前覺得只要認真做，就是負責的表現；上完課才知道，如果做到死，但是沒有做出成果，等於是沒做。

* 重新讓我們燃燒熱情，老師就是放火的那個人。

* 「盡心盡力」是不夠的，是要「交出成果」；公司每個人都需要改變思維，擁有當責想法，讓公司往前邁進。

* 當責真的是一套相當棒的文化，會持續將此套做法落實於組織中。

* 講師以深入淺出的方式，帶入令人深思的講解說明；相信大幅推廣後，公司會有一番新景象。

* 精采的演講過程，所獲得的震撼比閱讀不知放大了多少倍；建議主管必修，亦可重覆聽講，相信可激盪更多更好

的想法作法。

* 講師表達技巧好、深入淺出、邏輯清晰,對工作幫助極大。

* 培養部屬一同成長,建立當責觀念,交出成果。主動協助、參與跨部門溝通合作,促使公司利益發揮最大。

* 講師經驗豐富,信手拈來都是精髓;精闢的例子讓大家對ARCI 的觀念印象深刻。

* 當責應列入公司的核心職能(Competency)與核心價值觀中。

增訂版作者序
創業者的軟實力

大約二十年前，我離開了美商杜邦公司，想創立一家小顧問公司，大夢想是融合幾許西方管理期待改變華人的一些經營模式；目標客戶鎖定是高科技公司的高管們。訴求既定，可行專題不少；但，從哪個議題首先下手呢？煞費心思。

最想做的，很自然是與企業文化有關的軟議題。經驗裡，這是華人管理上最弱的一環，到處可見的是一片父權式或「朕」式的經營文化，皇上高高在上還天威難測、天理不明，眾大臣與子民們聽話辦事、努力以赴就是了；權威無比的大家長們也恍如皇上。其實，上有政策下有對策，員工們只要服從，責任並不太大，企業普羅生活還是蠻好混的。無端想起一則小故事，是在我們兩天的當責研討會後發生的——已是第二代成功接班好幾年的一位董事長，在會後總評時說，他要把廠區裡高高掛著的老董事長四個價值觀之一的「服從」盡速換下，他們更需要建立的是當責的企業文化。

我們有很多企業是沒有企業文化的，宏碁集團創辦人施振榮曾有感而發說：沒有文化也是一種文化，結果就是缺乏效率。但我發現，我們常常並不是沒有文化，而是文化不定、不明；不定不明時，文化會自己找到出路，於是形成了許多更難搞的潛規則、暗文化乃至雜文化。

　　屈指代為算來，我原來任職的杜邦公司到了明年（2022年），已將存活並成功（survive & thrive）經營兩百二十週年了，公司歷經了無數市場與產品的興衰凌替與經營大環境的震盪起伏，而其中起衰振微或持盈保泰並吸引、留住人才的，總是公司在戰戰兢兢經營、華人心目中卻空空軟軟的企業文化。我在職期間有甚多切身感觸與感動，在職後期裡也有了更多的系統性調查與研究。所以，在日後的顧問工作中，我當然會想要推薦這種隱而難宣卻頗具威力的軟性競爭實力，並期望在隨後形成長期競爭優勢。我可與華人企業朋友們分享嗎？

　　當然不行。華人企業一向崇尚的是：直接的、硬性的、短期的、實體的、務實的、物質的。我要開的顧問公司如果是以企業文化為主力、為主題時，必然很快倒閉無疑。

　　於是，我耐住性子，把經營的議題層級從「高空」往下降了一級——如果十年、百年的文化規劃與實踐是太長太

空，那麼三年、五年的策略規劃呢？應該比較可行吧。我在杜邦時，曾任內部顧問類似職務，在多國十幾個事業部裡，主持過幾十場、目標在二至五年的策略規劃，佳評如潮。有位銷售經理在兩天工作坊之後，對一起參與的總經理「挑戰」說：為什麼這麼好的工作坊，現在才讓我們知道？雖是美商公司的輕鬆笑語，我還是有些得意。確是佳評如潮，當時許多事業部爭相邀約進行，不只事業部自己有需要，上層也有要求。

說動就動。準備就緒後，我就在大學老師的一家中大型企業裡，開始了第一場為期三天的五年策略規劃研討會。我的老師是留美博士，在美工作經驗豐富，工作坊後，很感動地親自下海，以「當責者」自居帶領了其中一個跨部門專案團隊……隨後，我又在竹科內外開辦了許多類似課程與顧問工作；其實，竹科群俠各有其諸多各種專業技術，我雖是課前勉力學習，但並不熟悉。然而，我擅長流程管理，也有方法鼓舞各專業大小官們積極參與。所以，客戶在我的策略流程與專業經驗的誘發與輔導下，群策群力，激發出並記錄下許多創新、創意，最後還匯成了兩三年的年度、季度的多元目標、計畫、與長中短期專案。客戶能把現在與未來諸多想法、計畫與專案全都攤在一橫條長長展開的紙上／壁上——

我們稱之為 FBH（Future Business History），中文名是「為未來寫歷史」──未來未到，但是我們卻正在為未來寫下編年史，厲害吧！是有點像著名電影《回到未來》的概念。

我說，該會議完成的其實只是第零版，仍須不斷的update & upgrade──例如，到了第二版時就是開動實踐版了。當時，眾大小老闆們熱情與收穫都滿滿，有時討論還會延燒至晚間十點，我也是奉陪到底。有位 IC 業老闆說：我們喜歡用張顧問，因為他使用我們的語言，瞭解我們的行業。我聽後不免內心自驚，總是戰戰兢兢、更努力於邊做邊學邊進步了。

真正心驚的是，有幾位老闆開始認真問我：你是顧問，遊走各方企業，會不會把我們的策略洩漏給同業？「不會的，我們簽過 NDA 保密條款，我是西方企業訓練出來的，知道怎樣保密。」但，我知道他們是不太相信的。

我更是覺得，我們許多公司實質上並不重策略，重的仍是短期的血戰，規劃後的策略命運常是 "file and forget"（歸檔後忘掉它）。所以，策略規劃實也不宜久留，我開始考慮退出。在隨後一段較短期的一對一（one-on-one）高管教練工作後，我決定把這屬性「不軟不硬」的策略規劃工作再往下降一級，我應該更需要幫助客戶提升他們的「執行力」

（execution），以更有效地達成他們各種不管是長程、中程或短程的目的與目標——這領域已屬很硬的硬技能、硬實力了，離初衷軟軟空空的企業文化及其下半軟半硬的策略規劃開始有了一些距離。

我也有了初步經驗。創業者在粗訂計畫後，應該快速進入市場，再深入了解客戶真正需求，修正自己細部計畫，然後戮力執行，以求「存活與成功」了；但，可別忘了初衷與夢想。

關於執行力，我很快在以前許多實務經驗裡，整理並發現，華人朋友們很缺乏也很需要的是一種比較偏向西方文化裡更積極進取的責任感，亦即所謂的「當責」，英文裡稱為 Accountability。而要提升執行力，需要的不只是工具，還需結合成一套有說服力的理念、系統、邏輯、制度，乃至個人與團隊文化——之後，還應伺機再上溯至企業文化，以形成更大、更具續航的執行力文化；或者，我應準此角度直攻企業頂層，在建立企業的當責文化後，再循級以降，推廣至各層級、團隊與個人。但，不管依循哪個順序，重點都不應離開從總經理到員工個人都需要的「個人當責」（personal accountability）——不是停在表象，淺嚐即止，而是刻骨銘心般地認識與認同。

於是，我立即整理源自杜邦所學、所用的當責理念、工具、模式與經驗，並立志剋期讀完歐美多國論述有關「當責」的重要管理書籍約二三十本，也即時展開自己在美國現場的取經、培訓計畫。終是，很快地在邊工作、邊學習、邊提升中，我完成了半天、一天與兩天四節 seminar & workshops 的完整課程──目標首先還是鎖定在含總經理的高管團隊上。這個完整的課程，隨後亦可依客戶需求而分段、分時、分層實施。現在想來，當時可真聰明，至少更專注吧，因為後來經驗更多了、書讀更多了，但在課程實質內容上已沒能多大改進，也無法超越，只是多些新例與些許提升，當時內容至今還是適用。

2006 年 12 月，我把在客戶培訓、自我培訓，及陸續遍讀國內外名著後，所得所思，寫成了《當責》一書，初版由中國生產力中心出版──我想讓當責理念面對更大更廣的普羅大眾，「怪怪」書名加上尖銳內容的新書，竟然也很快地成了暢銷書；竹科有家半導體公司先後買了一千三百餘本，還讓當責成為企業核心價值觀之一！五年後再版改由商周出版，中間並有中國北京清華大學出了簡體字版，十四年來總計已實銷十餘萬本，真成了暢銷書，至少是長銷書──時至今日，仍總是名列在博客來的組織／管理類暢銷書榜的前排

裡。

　　現在，很高興商周要出精裝改版，冀望《當責》再勇往直前、賣入未來，甚至更強的後續旅程──我相信，未來管理世界與複雜社會將會更需要的。

　　最近，我應邀在一個創業者的聚會裡做了短講，講題是：「創業者的軟實力」。短短十五分鐘的講題，其題後思考卻是長長而嚴謹的邏輯體系；想分享的理念與經驗也正好隱合我前段所述的個人故事。現在，我還想再進一步以圖示做個摘要總整理──其實，不只是對創業者，對創業有成後的經營者或守成者，乃至事業後期裡挑戰也超大的傳承者，都希望能有助於他們預做更好、更強的長、中、短程思考。我們在企業經營上，是否一直都太重視硬實力了？而且，還是很不重、不值軟實力？或者，我們其實甚至不識、不明何謂軟實力？也不知應從何處著手？

　　下面，我要先分享一個直接而關鍵的企業實例。

　　台灣「護國神山」台積電創辦人張忠謀在十幾年前，有一次接受《天下》雜誌專訪時，曾說到：

　　「我們台積電為什麼可以做到現在這樣？因為從基本價
　　　值觀出發，我們有好的策略，有好的執行。就是這三

環，從價值觀出發，到策略，到執行。」

他隨後也一貫地重述了他們的四個核心價值觀，並加上結論說：「這四個價值觀是我們堅持不變的東西。」

短短數語，卻是企管理念與經驗在蒸餾與精析後的至理名言。

為了進一步說明，我參酌了國內外許多管理論述，把「這三環」畫成了圖，如下圖一所示。

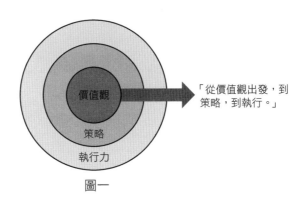

「從價值觀出發，到策略，到執行。」

圖一

這張「三環圖」也宛若是一座企管大山的空中俯視或頂視圖——像是用空拍機，飛到大山正上方高空後，往下拍到的高山形貌。如果，空拍機又飛到大山的一側來做側拍呢？我們可得側視圖如下圖二，也可如透視般一窺大山的內部各層結構。

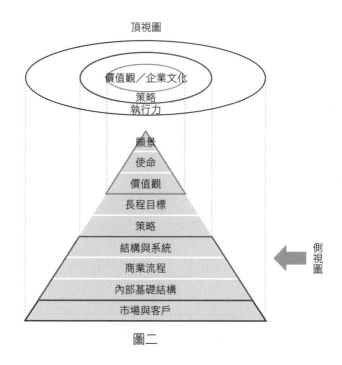

頂視圖

價值觀／企業文化
策略
執行力

願景
使命
價值觀
長程目標
策略
結構與系統
商業流程
內部基礎結構
市場與客戶

側視圖

圖二

　　我們可以發現，頂視圖的最內環，也就是側視圖的最頂層，正是價值觀。價值觀如果加上如願景、使命等的要素後，就形成了很通用、很基本的所謂企業文化了；企業文化的位階在企業經營大結構裡，是在高高在上的頂層也深深在人的心坎裡、腦海裡。

　　價值觀／企業文化的下方或外環，就是策略了。上方的企業文化如果不夠強，下方策略在執行上就會缺乏效率與力道──彼得‧杜拉克甚至為此而說「文化把策略當早餐吃掉

56

了」，不是說吃掉後獲得了養分，而是說吃掉、拉掉，沒有了。策略再下方是一層層的組織、系統、流程、專案、細部結構等等，都是用來加在一起強化「執行力」的。執行力的最終戰是展現在企業外部的「市場與客戶」上，因為只有在企業的「外部」裡，企業才能真正交出「成果」而完成了真正的執行力。

企業經營智慧在最近這幾年裡，進展／改變也很快。最底層，或最外環的「市場與客戶」已不能滿足現代與未來社會的要求了，「市場與客戶」處已被要求要擴展成「利害關係人」（stakeholders）——亦即，企業經營不只是為客戶、為股東，還要為員工、為供應商、為所在社區、為更大社會，還要關心地球。而且，不是在賺錢後才去捐款或關心利害關係人，而是要把這種關懷與行動直接寫進策略、直接埋入企業文化裡。今後，唯有如此重視「利害關係人」經營的企業，才能成為國際上真正的卓越企業。

如果，我們再向老天借來一把大刀，對正山巔一刀垂直劈下，一劈到底，那麼我們可以得到大山內部剖面圖了。細心些，還會意外發現，古今中外的許多企業經營觀還有許多雷同或吻合處，如下剖面圖三裡的六條目文字所述。

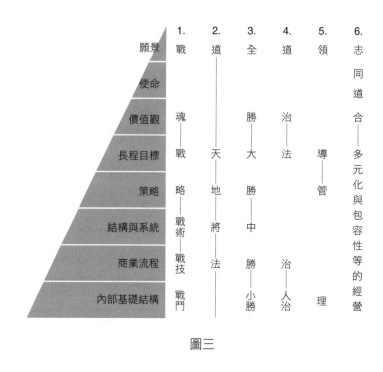

圖三

例如，名滿古今中外的《孫子兵法》上說：將有五者，知之者勝，不知者不勝。這「五者」是：道、天、地、將、法。其中，道，大意是指如願景、使命、價值觀等要素的企業文化；知天、知地，是如知彼知己般的策略；將，是領導與管理之術；法，是法制與各種法則。那麼，回憶起來，我們在過往諸多企業運作中，運用的大多只是在最下端「將」與「法」兩者了；但，如此這般運作，還不是照樣勝仗連連？或許，是因我們的對手也普普、不夠強？或許，我們大

家總是缺了長治久安之策而不自知自明？如果，我們用全了「五者」呢？我們肯定會更強、更久，因為我們不只用了硬實力，還加上了軟實力。

　　我們常說企業爭戰有如軍事戰爭。那麼，我們更應習慣於這種層級概念：戰略、戰術、戰技、戰鬥、戰場。如上段所述，企業的現代「戰場」已由「市場與客戶」擴增至「利害關係人」經營上了；最上層的「戰略」呢？也同樣需要再往上提升一級至所謂的「戰魂」。企業裡的戰魂，正是企業的願景、使命、價值觀等要素所形成的企業文化。我們常常批評說，黨沒黨魂、軍沒軍魂，甚至，國沒國魂；我們卻很少批評企業沒了企業魂。沒了企業魂後，多數企業成了賺錢機器——有時還成為不擇手段的賺錢機器、不做長遠圖的短視者，乃至沒文化、沒文明、兇悍沒人性，成了如狼似虎的動物。我們還是無辜地在鼓勵企業經營上的狼性？我們常常忘了狼沒有人類特有的願景、使命或價值觀？難怪城邦集團何飛鵬執行長在他的《商業周刊》專欄上，有感而發，為文、為題說：「台灣企業缺乏靈魂。」這個靈魂，就是「戰魂」，越來越是未來企業更需要的企業文化軟實力。

　　所以，台積電創辦人張忠謀說：「從價值觀出發，到策略，到執行。」衡諸、證諸國外卓越企業，這種軟硬兼施的

實力正是企業長期成功經營的競爭優勢。對於創業者呢？希望他們能超前佈署，早一點想到這一步。我們常常遇見許多創業者在產品或服務上創新有成後，經營團隊卻因失和而提早解散——這其實早有徵兆，他們常一開始就是志（是願景）不同、道（是價值觀）不合了，因此後續再選入的夥伴們也總是只重硬技能、不重「志」與「道」，而不會是「對的人」，紛擾只會越來越多、越大。在「人才」爭奪戰越來越厲害的未來，優秀的企業文化勢將成為企業吸引並留住人才的關鍵要素。

在企業傳承上呢？我們一直重視的似乎就是：股權、策略、人脈、人氣、經營小撇步與老經驗……許多公司光是在股權爭奪上就相互殺紅了眼、機關算盡，在人脈傳承上也費盡心思宛若只為傳宗接代，在經營訣竅上也如口耳密傳……不一而足；但，就是忘了文化傳承——尤其是文化核心裡的核心價值觀的傳承。台積電創辦人張忠謀第一次傳承曾失敗過，據報導就是敗在文化價值觀上。他第二次傳承完成後，在當年六月的「台北三三會」演講上，答客問「當你在選擇你的接班人時，考量會是什麼？」時，張忠謀還是一貫不假辭色地回答：「就是價值觀，要跟台積電的價值觀一樣。」他隨即又把台積電四個核心價值觀講述了一遍。

企業價值觀常很自然地會成為企業內部從上到下、對內對外所採行的行為行動準則與困難決策時的依據。

美國許多卓越企業在傳承時，上一代領導人還會跟下一代領導人說：毀去我的那些策略與作法吧！你有你不同的經營環境、重點與需求；但，重要文化及其核心價值觀是不能改的，要繼續傳承，甚至傳諸百年。不管是家族或專業經理人傳承，我們總是忽略了具有超大超長影響力的文化軟技能或軟實力。

當代聲譽卓著，超有聲名的社會科學大師福山（Francis Fukuyama）曾站在更高的國家社會與歷史角度上說：「文化，在經濟成長的要素中，佔有約 20％ 的比重。」又說：「忽略文化因素的生意人，只有失敗一途。」也許，角度太大、太高、太遠了，那麼，我們回到企業管理上呢？哈佛商學院海斯柯特（James Heskett）教授在他廣泛的企業調查與研究裡，做過小結說：文化，對策略執行的有效性（effectiveness）有超過 70％ 的影響力；又說，企業文化對企業最後績效的達成，有 15～25％ 的影響度。因此，我把他們兩人對軟實力的論述畫成如下圖四所示，以圖為示應該更醒人醒目；但，我還是擔心國人對這一、二十％的效率或效果提升，依舊不怎麼在乎？

圖四

　所以，在圖四中，我又加上了一條 100％ 的影響力之
線，這條線是個特例，其義是：如果，你不守、不信、不
屑常見於企業文化中如誠信正直（integrity）的價值觀，那
麼，有一天，也許一切都是白忙，經營一家獲利強勁企業的
半局或終局，竟會是鋃鐺入獄。賭性堅強？我們還是要賭一
賭運氣？

　軟實力（soft power）是在哪裡展現的？一小部分是在
「戰技」中的軟技能（soft skills），例如 EQ 裡；一大部分是
在「戰魂」中的企業文化，乃至部門文化、團隊文化、個人
文化裡；國家級的軟實力呢？當是在國家文化及其社會文化

裡了。

　　言歸正傳。「當責」在企業經營管理中的位階與應用在哪裡？如圖五所示，在企業文化要素中的「價值觀」裡，它與其他核心價值觀一起形成了企業文化的主力。

● 如本書中所述，當責曾在美國管理協會（AMA）一次企業「核心價值觀」大調查中，名列第三，僅次於客戶服務與誠信正直，曾是美國第三通用的企業價值觀。

● 也可單獨先形成企業裡的當責文化，對外主動建立社會當責，對內在事業部、部門、團隊、個人的層級上改變員工的心態、行為與行動。

● 直接化為一種工具，即 ARCI，在 Process、Project、Program 或 Product 的開發與管理上，協助釐清角色與責任，加強集體成果意識，大力提升效率與效果。

圖五

　　所以，在圖五中，當責位階直指「價值觀」。然後，箭頭向上，是結合願景、使命與其他要素與價值觀，形成了企業文化；箭頭向下，在策略、制度、系統、流程、專案、溝通，乃至與客戶服務及利害關係人經營的目標與成果上，能更有效地達標致果。翻閱本書正文，你會發現許多實例與激勵。

　　回到初衷或夢想上呢？我當初創立顧問公司，夢想是要能影響華人企業的一些經營模式，終是要從企業文化的影響力做起、做到的。公司成立後，很快地務實地回到了「戰技」上，我從「技能工具箱」中找到了「當責」。多年來，使出渾身解數，終於得到下列許多企業人士的青

睞：執行長、董事長、總經理、各級經理們、許多專業人員、一線人員如工人、司機、乃至移工們。除原已鎖定的高科技產業外，也意外進入到各行各業中，如在學的高中生、大學生、研究生、老師和校長們；還有，許多醫生和大小醫院院長們。還有建築業、服務業、律師業、銀行及金融保險業、研究機構、政府機構、NGO，似乎遍及了各行各業。總的來說，我們已在八個國家，舉辦了超過一千場次的當責研討會，推動所謂的「當責式管理」（Managing by Accountability）或「當責式領導」（Leadership by Accountability），形成許許多多的熱烈迴響與行動。

在工作的較後期裡，我們終是回到了「企業文化」的層級上，只是切入點已不同。例如，我們曾在中國一家千億元人民幣級別的高新科技公司裡，先由事業部切入；我們讓這個事業部從執行長到工程師到管理師，全面認識、認同、認真當責的理念與工具，迅速開展各項應用後，成功提升了他們在營運上的效率與效能，也蔚成了該事業部的當責文化。很快地，驚動了其他四個事業部與總公司團隊，一起推動當責的企業文化，後來更被推介到公司外部的經銷商夥伴們。最後，總公司將當責列入他們企業文化中三大核心價值觀之一。

我們知道，當企業真正能認識、認同當責，並認真推動

而有了成效也成為文化後，對於其他的核心價值觀的運作，他們也會依樣畫葫蘆地複製了。最後，他們把三大或五大核心價值觀分期或合併發展完成，就形成強韌的企業文化，而影響到「公司行為、行動與決策」與成果。

推動企業文化也不必然總是由頂層開始。所以，我們也甚至從團隊開始，例如，我們幫助專案團隊建立團隊級的當責文化——從 ARCI 釐清角色到「兔寶寶」規劃與執行，到成員行為改變，與對目標與成果的堅持。實例如，我們幫助四川成都一家美商公司的一個團隊經理更成功，老闆後來也發現，這位團隊經理在許多不同場域下所帶領的團隊，都因擅長使用當責的概念與工具，並建立起團隊文化，績效總是過人豐碩。

推動企業文化，當然還是由頂層而下是更有效的。我們在台灣的接案經驗中，有過一家小小企業，全公司從總經理到小妹員工一共四十七人，每一次的研討會都是全員到齊，濟濟一堂溝通無障礙，企業文化建立最快。

倏忽十五年，今日重校、重談原著，仍有諸多感觸。內容或有些許更正，但大致沒變，冀望繼續其暢銷長銷，維持各處當責文化於不墜——雖然還是很難。「當責」這個中文名詞也在本書推薦與本公司推動後，今日漸漸成了普通名

詞，坊間以此為名的管理書籍已越來越多，以此開課授業的講師也是越來越多；他們來自 HR、技術專業，還有跨國公司退休的執行長、高管們等……也算是本書的另一項貢獻吧。期望也再提升了一級——大家一起把組織／企業當責再提升一級到社會當責（Social Accountability），這個世界未來會很需要的。

末了，三點小小叮嚀：

1. 本書仍保留了也許過多的英文；希望的是，讀者們在許多國際溝通上能更方便使用。越來越國際化的台灣，再小的公司與個人都已是國際公司與國際人，英語會是共通語言，而且英文所表達出的語意也常是更精準的。

2. 本書各段落間與邊白處仍特意留有較大空間；要方便讀者在閱中、閱後，寫短評、經驗、感想、眉批，讓印象更深刻。本書讀者們都是饒有經驗的專業人，看書不寫寫評語會很難過的。本書所用字體也好讀些，減少讀者不想讀的藉口。

3. 本書是作者的第一本書，其後仍有三本相關著作《賦權》、《賦能》、與《價值觀領導力》。本書中，有些相關議題是仍有其簡化處，在後續三書中有更進一步的專題論述，歡迎本書讀者在閱讀時也能參閱、批評與指教。

祝讀者們閱讀愉快、思考順暢、運用自如，在下述三方向上更成功：

1. 在價值觀、人生觀、世界觀所謂「三觀」的思考與應用上。

2. 在信念、原則、心態、行為、行動、成果的建立與推動上。

3. 在個人、團隊、部門、組織／企業，與社會當責文化的管理與領導上。

本書初版原序中，最後一段曾提及，Accountable 第一次有正式紀錄的使用，應可遠溯自西元 1688 年，當時英皇詹姆斯二世（King James II）對臣子們說：

I am accountable for all things that I openly and voluntarily do or say.

我為我公開且自願所做所說的所有事，負起「當責」。

三百三十三年後的今天，此話聽來還是擲地有聲。當責也已由當時的西方，遠傳至更遠「遠西」的今日美國，在美加地區更是興盛；又傳到了東方，尤其是在華文世界的「遠

東」，成了許多進步東方組織經營上的一處重點。這個月裡，有近例又如：剛剛上台、想中興大業的大同公司新總經理說，要建立當責團隊以改變舊式文化；改組中的中華電信，也以當責為其四大核心價值觀之一，正努力推動當責文化；工研院新院長上任至今已卓然有成，也在塑造當責成為組織文化中的 DNA；剛出版的《商業周刊》封面專題「你該認識的三十個台灣創業家」報導中，也赫然發現幾位年輕創業者分別在談論當責……新例不斷新增，當責在東方華文世界的應用開啟後，已漸漸蔚成共同價值觀，襄助東西方企業溝通與文化交流。其後續應用會有多久？同壽三百年或更長壽吧。未來可期，故為之序。

（2021 年 8 月初於台灣新北市）

1

迎接一個翩然
來臨的當責時代

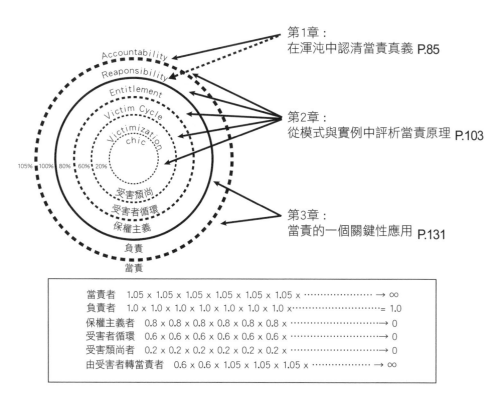

第1章：
在渾沌中認清當責真義 P.85

第2章：
從模式與實例中評析當責原理 P.103

第3章：
當責的一個關鍵性應用 P.131

Accountability
Reaponsibility
Entitlement
Victim Cycle
Victimization chic
受害瀬尚
受害者循環
保權主義
負責
當責

105% 100% 80% 60% 20%

當責者　　　　　　1.05 x 1.05 x 1.05 x 1.05 x 1.05 x 1.05 x ················· → ∞
負責者　　　　　　1.0 x 1.0 x 1.0 x 1.0 x 1.0 x 1.0 x 1.0 x················= 1.0
保權主義者　　　　0.8 x 0.8 x 0.8 x 0.8 x 0.8 x 0.8 x ·······················→ 0
受害者循環　　　　0.6 x 0.6 x 0.6 x 0.6 x 0.6 x 0.6 x ·······················→ 0
受害瀬尚者　　　　0.2 x 0.2 x 0.2 x 0.2 x 0.2 x 0.2 x ·······················→ 0
由受害者轉當責者　0.6 x 0.6 x 1.05 x 1.05 x 1.05 x ··················· → ∞

「責任感」的不同層次與其運作結果

「理論上，你的時辰未到；但，你抱怨不斷，我們實在受不了！」

法國大文豪雨果（Victor Hugo）說：「一個觀念，當它的時代已經來臨時，它要比全世界所有的軍隊更為強悍。」（There is one thing stronger than all the armies in the world, and that is an idea whose time has come.）

我相信，「當責」正是這樣的一個觀念，它的時代正翩然來臨；讓我們看看下列的一些風吹草動、蛛絲馬跡：

● 美國奇異電氣（GE）前任 CEO 伊梅特（J. Immelt）於 2001 年 9 月自強人威爾許（Jack Welch）手中接下重任，歷經 911 等等滄桑兩年後，他決心重塑 GE 企業文化，於是提出了八項「價值觀」及其行動準則；「當責」是為八中之一，承諾（commitment）則為八中之二。

2005 年，伊梅特所帶領的 GE 團隊，重新佔上《財星雜誌》（Fortune）「全球最受尊崇公司」第一名。

● 美國管理學會（AMA）於 2002 年對千餘家公司做「核心價值觀」（core values）的調查時，發現以「當責」做為「核心價值觀」的公司佔總調查公司的 61％。在總共二十餘項「核心價值觀」中，「當責」高居第三名，僅次於「客戶滿意」及「倫理道德／誠信」兩項。

73

✹ 全球最大電子儀器公司安捷倫科技（Agilent），在
2000 年時自惠普（HP）分出獨立上市。台灣安捷倫
前董事長詹文寅說：安捷倫的全球新 CEO 與管理團
隊決定在保留「惠普風範」（The HP Way）的同時，
也特別將「當責」加入為價值觀，以形成新的負責文
化。他們深信這是高績效公司所必備的。「當責」正
是執行力最重要的基石。詹董事長並認為：

Accountability=Responsibility+Commitment+Results

✹ 微軟公司（Microsoft）最近幾年正在全世界各地分
公司推動「當責」的觀念與行動，「當責」已成為公
司內新管理語言。協助推動「當責」的是「領導夥
伴」（Partners In Leadership）顧問公司，顧問公司運
用的是所謂的「奧茲法則」（The OZ Principle）；該顧
問公司也同時在美國百餘家公司推動「當責」，其中
犖犖大者如：輝瑞大藥廠、禮萊大藥廠、英國石油、
Amoco 石油、AT&T，還有其他許許多多中小企業。
微軟前 CEO 包曼（S. Ballman）認為：偉大的員工要
能分享六項價值觀，其中一項即：對顧客、股東、夥
伴、與員工的承諾、成果、與品質負起「當責」。

✹《哈佛商業評論》（HBR）在論述戴爾公司（Dell）成

功之道時，認為除了直銷模式外，就屬「當責文化」（a culture of accountability）的建立。創辦人邁可‧戴爾也常為文或例舉說明「當責文化」的要義與精髓，公司內也積極推動所謂的「當責式單點」（A single point of accountability）的客戶服務觀。

❋《哈佛商業評論》前主編史東（N. Stone）與資深編輯馬格列特（J. Magretta）在 2004 年著作《管理是什麼？》，曾評述認為：「當責」將會在未來十年中，成為管理界的熱門用語之一。

❋IBM 資深副總修伊特（Jamie Hewitt）在論述前 CEO 葛斯納（L. Gerstner）拯救 IBM 的成功之道時，認為：「當責」再加上成果定期查核制度的強力推動是關鍵成功要素（KSF）之一。

❋美國財經雜誌 Business 2.0 在 2006 年 7 月號中選出五十位當屆重量級商界人物，其內推荐 HP 新 CEO 賀德（Mark Hurd）。賀德在 2005 年上任，負責收拾前任 CEO 菲奧利娜留下的一團亂局。一年後，賀德重整有成，贏回 HP 在盈利與股價上的光芒。雜誌評論原因是賀德的 "no-nonsense leadership"（直接了當、不說廢話的領導風格）；讓 HP 的「酋長」們得以掌

握他們對行銷大軍的全權控制，同時也對這些「酋
長」們課以成果的嚴格「當責」（strictly accountable
for results）。短評數語，一針見血。

● 杜邦公司於 90 年代即推動「當責」的概念與應
用，並以「RACI 法則」（Responsible, Accountable,
Consulted, Informed）釐清角色與責任，推動運用於
各種跨部門、跨國的專案管理中。

● 3M 公司在 2000 年，新 CEO 麥諾尼（J. McNerney）
上任後，也在 3M 新企業文化中加了「當責」。在隨
後五年中，「當責」成為培訓領導力與執行力非常重
要的一環；「當責」的確實執行與效果評估，從高
階主管到第一線人員都在隨時進行：從 Board Room
（董事會）到 Mail Room（收發室）。舉例而言：把重
要文件及時寄出是 Responsibility（負責），再確認對
方確實收到是 Accountability（當責）。

麥諾尼任 3M 之 CEO 約四年半，3M 股價漲了
45％。後，接任波音公司（Boeing）CEO，十四個月
後，波音從競爭泥淖中脫出。

● 美國環保署（EPA）應用「當責」概念與 RACI 模式
／工具，進行大型專案計劃的管理，第三章中有實

例。

* 1993 年，美國參、眾兩院通過「政府績效與成果法案」（簡稱 GPRA），法案開宗明義第一條目標就是：要「有系統地，讓聯邦各單位負起『當責』，以達成各型計劃的成果」，以提升美國民眾對聯邦政府執行能力的信心；自此，美國政府有系統地研究「當責」，澄清「當責」，開發並推廣應用各種「當責」工具。

* 專案管理學會（PMI）鼓勵：專案經理利用當責及其工具（RACI 或 ARCI），以釐清角色與責任（Role and Responsibility），提升專案的執行力。

* 合益顧問公司（Hay Groups）在為《財星雜誌》做完 2004 年美國「最受尊崇」公司調查與研究後，整理出七項讓各工商業領域中，前三至五名公司脫穎而出的經營要素。這七項中有三項直指「當責」，如：將策略轉化為具有清晰「當責」的行動計劃、角色與責任充分地釐清，及清楚定義決策的「當責」與流程等，其他四項也與「當責」多有間接關聯。2010 年的同樣調查與研院中，提出的三大經營要素，同樣有一項是「當責」。

❋ 德士古石油公司（Texaco）前 CEO 畢哲（Peter I. Bijur）在討論領導力（leadership）及其拼圖因子時，很肯定地說其中最重要的因子是：「當責」。他因此特別在公司內推動「全面當責管理」（Total Accountability Management）；他無法忍受平庸之才，要求經理人運用前瞻性思維，兌現對 CEO 與利害關係人的合約；在做計劃時，即考慮各種外在因素，包括天氣與天災（acts of God）。必須為最後成果負責，為自己的工作、為自己在德士古的事業生涯，負起「當責」。

❋ 2002 年 10 月，麻省理工學院的史隆（Sloan）管理學院為慶祝成立五十周年，與各地領導人集會共同探討未來五十年中，組織、管理者、及服務對象所可能面對的機會與期望，以及刻正面臨的挑戰。研討會在一連串對話與分析後，有了三大基本主張。其中第一主張是管理者必須透過公開（openness）、透明（transparency），及當責（Accountability）三要點，以建立並保有廣大利害關係人的信賴。「當責」的重要性，在今日及未來五十年，昭然若揭。

❋ 張富士夫在當豐田社長，帶領豐田全球企業往前

衝時，曾當選為美國《財星雜誌》2005 年選出的「年度亞洲商業風雲人物」（Asia Businessman of the Year）。《財星雜誌》撰文評論時說：「改進『當責』，是張富士夫的三大管理主軸之一。」2006 年 6 月，張富士夫榮升會長，成為豐田汽車第一號領導人物。

* 英國政府為提升企業 IT（資訊技術）的服務水準，曾針對 IT 服務的營運原則與流程架構，制定了一套完整的實施指引，是為：ITIL（Information Technical Infrastructure Library）。ITIL 現已成為全球 IT 服務產業重要流程標準之一；在執行階段中，ITIL 推薦使用以當責為重點的「ARCI 法則」（Accountable, Responsible, Consulted, Informed）以推動專案。ARCI 被認定是釐清角色與責任的最佳方法，在推動變革管理時尤為有用；ARCI 已被列入其管理工具箱中。

* 華人企業家中，已有一些先見之士；他們從自身經營體驗中，悟出並推動「當責」的觀念。如，中國最具世界聲望的企業家之一海爾公司張瑞敏在他的 2005 年著作《張瑞敏談商錄》中強調：「幹部怎樣對待問題？要 100％落實責任，即『見數也見人』的原則，

每個 1％ 的問題，都可轉化為 100％ 的責任，100％ 的
責任者。」海爾實行的是：「徹底的成果主義」。

❋在台灣，鴻海企業的董事長郭台銘是這樣談「負責
任」的，他說：「線上品管人員很認真（有責任意
識），也遵守品管作業方法（有負責方法）；但，仍
有不良品流出，遭客戶投訴或退回。『負責任』就是
要：全方面了解、引進、並掌握更先進設備，用更先
進的技術支援。」

如果，你要把這段話譯成英文，那麼這裡的「負
責任」是要譯成 Accountability，而不是習知的
Responsibility。郭台銘又繼續提到：要不斷提高各階
層幹部「負責任」的意識及能力，讓幹部門「能自始
至終負責任地完成過程」，他認為「負責任」是管理
的靈魂。這中間所談論的，其實都是「當責」。

郭台銘曾提出鴻海接班人的三條件：品德、責任感，
與有意願工作。其中第二點的「責任感」，揆諸郭董
之前眾多論點，此「責任感」當是本文所述之「當
責」。

最後，要分享的是我初版前十餘年來在企業界應用
「當責」，並專心研究國內、外「當責」有關眾多論

著後，初版前兩三年，已在美國矽谷與台灣科學園區、工業區、研究機構、大學、政府機構，乃至傳統產業中幾十場有關「當責」演講會與研討會的心得及顧問經驗：

✴ 絕大部分參加者都是第一次接觸並理清所謂 "Accountability" 的概念——它一直都沒有適當中文譯名出現，英文開始唸時有些不順，越唸才越順。研討心得中每每表示深具「震撼性」，也共鳴了許多管理者與專業人的心靈。

✴「當責」觀念尖銳地面對華人傳統文化，但每場研討會後評估的接受度與可應用性多高高在 90％ 以上，顯示在華人管理世界中也普受接納與歡迎。

✴「當責」其實不是外來文化——「原來這就是當責，這正是我原來想說、想做的；但沒想得這麼透徹、這麼精準，也沒做得那麼堅持。」許多老闆們說。

✴「當責」立論清晰、切中時弊，精確定義一些模糊與爭議的地方，能喚醒有心人、管理者，與領導人的原知與勇氣，精準指出努力、與堅持、或不必堅持的角度與方向。

✴ 最受歡迎的議題如：

81

- 「當責」的真義、層次、運作環境、應用工具。
- 「當責」如何推動專案、提升執行力、釐清角色責任、改善授權授責狀況、增進團隊默契、提升領導力。
- 如何訓練部屬與自己負起「當責」,交出成果!
- 更多企業應用實例。
- 如何形成「當責」的企業文化。

❋ 許多類似感想如:「當責」能「重新定位自己,突破以往格局,工作視野變廣。」

❋ 會後常討論的是:希望我老闆、同事、部屬都知道「當責」,不讓自己成為孤軍或孤鳥;如何推廣至全體同仁,相互砥礪,並落實為公司文化。

這些感應與意見催生了這本書,這本書也將這些受歡迎、被需求的議題做了深入的分析。

據稱,英語字 Accountable(當責)第一次有正式記錄的使用,可遠溯自西元 1688 年,當時英皇詹姆斯二世(King James II)對他的人說:"I am accountable for all things that I openly and voluntarily do or say."(我為我公開且自願所

做的或所說的所有事，承擔「當責」。）君無戲言，當真擲地有聲。

1950 年代，通用汽車強化了「當責」概念在企業現場的應用；1980 年代，進一步的「當責」應用工具，如 RACI、QOT/R 也逐漸發展出來；1990 年代是「當責」論述與應用風起雲湧的年代；其時也，管理顧問、專家學者、企業經營者，乃至非營利機構及政府機關，共同努力扭轉「當責」的負面形象——例如，由事後追究責任的消極心態轉為事先承擔責任的積極心態，推動「當責」積極應用於釐清責任與角色、經營專案、提高執行力與領導力，最後甚至達於「社會當責」的應用層次了。

2009 年夏，通用汽車曾申請破產法保護，公司進行重整時，也重塑企業文化，優先確立並推動了全公司四大「最高行為改變」，「清晰的當責」即為四大之一。

這是第一本精論「當責」真義、原理、架構，及應用的中文書，希望的是：讓我們一起在華人世界裡，也迎接「當責」時代的來臨。

第 1 章

在渾沌中
認清當責真義

當責的字源及延意是：要算清楚的、需報告的、可依賴
的、能解釋的、知得失的、負後果的、重成果的。「當責
者」要能承擔全責，要確定「負責者」能完成工作。

ACCOUNTABILITY

「當責」（Accountability）出現在華人管理世界比較晚，出現時通常又直譯為「負責」，與負責（Responsibility）無異；所以，除非你查考原文，否則在這個有關責任的關鍵點上，我們就如此這般、稀哩呼嚕、矇混過關了。其他中文譯名其實也多，在台灣如：責任感、擔當、權責（制）、課責、負全責、全面責任、絕對責任、最終責任、責任歸屬、績效責任，還有中文字典誤譯為：會計責任。在中國，有譯名為應負責任，或問責，在英國管理時代的香港曾譯為：承擔責任，或責任承擔，或究責。日本則以片假名音譯，或意譯為：說明責任。看完這些譯名，再加上原意就已不清的「負責」，就如墜五里霧中了。其實，在英文世界裡，也一片毛絨絨（fuzzy）地好久，直到1990年代中期，經過許多理論分析與經驗分享後才逐漸清晰——由被動轉為主動、由負面轉為正面、由消極轉為積極、由個人而進入全體。在「企業／社會當責」的領域中，在後「恩隆（Enron）」時代裡，甚至已由原本自動自發式的自我提升，轉成外界逼迫式的被動承受了。

當責真義，不可不察。

1.1 當責的字源延意

首先，讓我由英文原文以追根究柢的方式來分解 "Accountability" 這個字 ——Accountability 的關鍵字根是 "count"：

* count 有計算、清點、計量之意，如 count in 是「計算入、算成果」。

* count 有相信、信任、依賴、可靠之意，如 count on 是「依靠、信賴」，如 You can count on me。

* count 有影響、很重要之意，如 experience counts 是說「經驗很重要」。

ac 字首為 ad 之變體，表方向、添加之意；加在字首後，有往某一方向加強效應之意。所以：

* account 成了報告、說明、解說理由等意義，是社會學上的重要名詞。也開始有了負責的意思了，如 account for 是為事負責。也指算帳、計算書、帳目、帳戶；乃至行銷學上的「客戶」之意。

* accounting 是會計學；是要對帳目計算清楚、說明清楚，也要負責的；要有令人信賴的紀律。

87

* accountant 成了會計師；令人尊重的專業人員，因為對公司帳目一清二楚：知因、知果、知過程、知得失；所以，會計師其實原是「顧問業」的祖師。也有人討厭他們而貶稱為："bean counter"（數豆子的人），他們一顆一顆數，一點也不馬虎。

* accountable 綜合起來就是有計數的、可說明的、要報告的、可依靠的、能信賴的、擔後果的、有責任的，等諸多含義。

* Accountability 是 accountable 的名詞，最適切的中譯名當然是「當責」；相對的「負責」的英文是 Responsibility，其原意是：response+ability；是指回應、回答的能力——所以，「負責」與「當責」字源原意就有不同，在應用上固有其交集與聯集也有相異，但就是不可混淆在一起。

據說，在古羅馬時代，元老院議員行使投票權是很慎重其事的。他們要「自由地站起來，走到前面去，被清點他們的立場與承諾」，然後投入票才算數，才算一票，才 "count in"。這也是當責較原始的原意，是可信賴、願負責的一票。現代管理中對當責的 "count on"（依賴、信賴）有較

多著墨。承諾履行當責後，總是：你做事，我放心；但，更
重要的是：我做事，你放心。美國贏派（IMPAQ）顧問公司
是一家專門從事與當責有關主題的顧問公司，創立人撒姆爾
（M. Samuel）對當責的簡潔定義是：People can "count on one
another" to keep performance commitments and communication
agreements. 就是說：承擔了當責，人們能夠相互信賴而信守
對績效的承諾及對溝通的信約。

Accountability 在 counting（計量）上的重要性也越來越
大；艾普斯坦（Marc J. Epstein）博士在他的著作《計量真
正重要的》（Counting What Counts）中，開宗明義說明承擔
當責要計算、計量清楚，亦即對所要達成的重要目標要說明
清楚、要能數字化，才能計算清楚、才有計量管理、才能清
晰負責。

《韋氏字典》對 Accountability 的定義是這樣的：
"Subject to having to report, explain, or justify; being
answerable, responsible."

據此而言，如果你負有當責，你是要能：

❋ report：適時報告進度，與成果（或並沒達成的成果）

89

給適當的人。

* explain：知道事件的前因後果、來龍去脈，也願意說明。

* justify：判別事情的輕重緩急、利害得失，具有回應自己、別人、環境並完成任務的能力。

* being answerable：說明理由；其中精義將留待本書最後「結語」中，再做完整說明。

《韋氏字典》的解釋中也提到了 responsible（負責），因此，有人認為不要鑽牛角尖了，Accountability 與 Responsibility 基本上是同義——早期的管理觀念，或文學意義上，Responsibility 就是泛指「負責任」，因此甚至涵蓋了 Accountability；都是負責就不必分彼此、不宜分軒輊；但現在代管理世界裡，兩者的責任廣度與深度已有很大不同，Accountable 的人所具責任反而涵蓋了 Responsible 的人了。

1.2 當責有五個面向

美國「橡樹嶺科學與教育學院」與加州大學一群學者們在提升「政府績效與成果法案」（即 GPRA）所做的研究報告中，倡導當責有五個面向：

1. **當責是一種關係（relationship）**：是一種雙向溝通（a two-way street），是兩造之間的一種合約，比較不是只對自己的承諾。

2. **當責是成果導向的（results-oriented）**：不是只看投入與產出（inputs and outputs），更要看成果（out-comes）；當責與成果常是焦孟不離的，為成果負當責的英文 "accountable for results" 在英文管理論文上宛若連體嬰；以英文來說 outcomes 就是 results；但 out-puts（產出）並不一定是 outcomes（成果）。

3. **當責需要報告（reporting）**：要報告中間進度與完成的成果，或未能完成的成果；如果沒有報告，當責根本無由屹立，報告是當責的脊骨（backbone）。

4. **當責重視後果（consequences）**：當責意味著一種義務乃至債務，如不必承擔後果，當責必然失去正當意義。「後果」承擔，應在事先由雙方先商量清楚。

5. **當責是要改進績效（performance）**：當責的目標是要採取行動、改進績效，確定完成任務；不是指責、推錯，或懲處。當責已由過去式的事後反應性（reactive）當責，轉變成事先積極性（proactive）當責了。

此外，他們也針對「負責」做了個區別，他們認為：

負責（Responsibility）是：「有義務去履行」（the obligation to perform）。

當責（Accountability）是：擔起責任，確定該「去履行的義務」（亦即負責）是可被完成的。

意簡言賅，兩相差別，清晰立判。所以，「當責者」是有義務確定「負責者」在執行任務，並對其執行成敗負有「責任」，這個義務還類似於債務（liability）呢！

1.3 當責是一種抉擇

事實上，在西方世界，還是有人對當責充滿疑慮的、消極的、負面的歷史印象的，他們覺得：

● 當責是在事後找出代罪羔羊，以負起全責。

● 我可能會在這裡被死當了。

● 是老闆用它來套我、整我、懲罰我的。

● 當責沒特別意義，在我們公司裡，沒完成任務是家常便飯。

● 當責是一種更沈重的負擔。

● 當責會引發不必要的壓力、恐懼、悔恨、罪懲與憎恨。

那麼，當責是不是如此無可奈何、無法逃避的宿命？

如果，我們從另一個相對的角度來看當責，「當責者」相對比的就是「受害者」；做為「當責者」，與成為「受害者」其實只有一線之隔。美國「領導力夥伴」顧問公司的創立人康諾斯與史密斯，在他們的奧茲法則中提出了「水平線上」與「水平線下」的概念，就是這相隔的一線：

「水平線上」是向上提升，走向當責的步階；「水平線下」是向下沈淪，陷入交相指責的受害者世界。

這一條細線隔開兩種心態，也成就了兩種迥然相異的結果；這一條細線也代表一種心靈的掙扎、一種困難的抉擇。

在知識工作者時代，人們擁有「選擇權」是很重要的；「奧茲法則」中即倡議：

「當責是一種個人抉擇；是選擇要提升個人處境並展示擁有權（ownership），而藉以達成所訂定的成果（results）。」

93

所以康諾斯與史密斯對「當責」下了如下新定義：

「一種人格特質；不斷在探討：我還能多做些什麼？以提升或超越我目前的處境，而贏取我所追求的成果？它需要一個程度的擁有感；包含做出、守住，並積極回應「個人承諾」。它眺望未來，故能擁抱現在與未來的努力，不是只有被動式與過去式的解釋。」

在這個定義中，有一些詞句，對當責新觀念很是關鍵：

* 一種能行使 "One more ounce" 的人格特質。
* 一個正視問題、解決問題、達成任務的流程。
* 一份「擁有感」與個人承諾。
* 一種前瞻未來的努力。

當責，無疑地，是一種個人自主性的抉擇；是「當責者」對應「受害者」之間的抉擇。「受害者」心態是一個最容易的選擇，但對一個人所造成的戕害常常很大；傑克‧威爾許在他 2005 年的名著《致勝》（Winning）中有感而發，有幾則生動的評論，他說：

* 「我希望別人記住我的是：我這個人一生嘗試要清楚說明這個論點——你永遠不可以讓自己變成一個受害

者。」

（You can never let yourself be a victim.）

●「控制你自己的命運，否則別人會控制你的命運。」

（Control your destiny or someone else will.）

●"Don't act like a victim!"──也許，心理上不是受害者，但表現上卻是個受害者。

●「在任何商場狀況之下，把自己看成一個受害者，是一種不折不扣的自我挫敗術。」

吊詭的是，大多數人都認為，他們別無選擇才成為受害者。事實正相反，是他們自己選擇成為受害者。選擇成為受害者是很自然的，因為他們難以改變目前所處的環境，無法回應該環境下的各種狀況；無法堅定價值觀、掌控態度、改變行為；沒有了企圖心，不知道所追求、所渴望的成果是什麼？所以，像極了法國哲學家伏爾泰所描述的：「宛如大雪崩中的片片雪片，總是不曾感受到些許責任。」當然，片片雪片也飄飄無所適，不知所終。

深入了解自由、自由意志、與自由抉擇的真諦後，我們將會更願意去接受抉擇後的責任；當我們發現，很顯然地，責任無法避免時，我們會更願意去做好準備，以接受這

個責任。當我們願意對行動及其應用，接受整體責任（full responsibility）時，我們就承擔了當責（Accountability）。當我們無可避免地承擔起當責，我們就不會傾向於把責任推向他人，或推向我們所無法控制的環境。

出版《無瑕顧問》（Flawless Consuting）系列著作的名顧問布洛克（Peter Block）曾把一個人的「成熟度」（maturity）定義為「願意選擇當責的程度」——當你願意承擔當責時，當責將賦予你威嚴與高貴情操。

彼得‧聖吉（Peter Senge）在其名著《第五項修練》「實戰篇」中說：

「最終是，個人的練達，教會了我們去做選擇；選擇，是一種果敢的行動。現在就去選擇那些將塑造你命運的成果與行動吧！」

1.4 當責要承擔後果

對許多人來說，承擔當責後，心中總是揮之不去的是要承擔「後果」（consequences）。後果，是大自然法則中的因果效應，「因」是我們採取的思想與行動，行動要致果，有成有敗；當責不讓並無法豁免或減緩你必須承擔的「果」。

承擔當責並不表示你具有全權或全程掌握（full control），而不具全部掌握並不表示你的當責變小，或不必承擔後果。

「後果」是你在當責轄區內所贏取、所承受或被拒絕的結果；忽視它，常使後果更為嚴重，也讓當責失去正當性。美國資深顧問克雷特與墨菲（B. Klatt & S. Murphy）在其著作《當責》（Accountability）中對處理「後果」頗具創意，他們提議：後果應由雙方協商，而且事先就約定好，例如：

* 如果事業部營收提升 15％，你將有可觀的年終獎金（細則另訂）。

* 如果降低部門成本無法達 10％，你將被減縮授權範圍，並遵從上級新的嚴管規定。

* 如果你的專案能準時依預算完成，老闆將提供你兩項人所稱羨的新任務。

* 如果在員工滿意度調查中，你部門的結果持續盤低，你在未來一年中不會升官或轉調。

故，綜合來說有三大類的後果型態：

1. 正面性後果

如：

* 獎勵與肯定；如明年可參加一次國際性會議。

97

- 獎金；如加薪、紅包、多加一週的假期。

- 個人的成就感與滿足感。

- 降低個人壓力，或享受更佳的工作／人際關係。

- 能取得更多的預算、人力等資源。

- 能更有機會一展長才，發展抱負。

2. 負面性後果

如：

- 最後將得到一個不好或不太好的定期績效評估。

- 在一段時間內，決策權限被限制，需接受上級較嚴格的督查。

- 喪失一些原有的特權。

- 年終獎金的喪失、下降，或隔年不加薪。

3. 懲罰性後果

如：

- 正式減薪或降級。

- 進入組織的懲戒流程中，接到第一次警告函。

- 開除或裁撤。

當然，在我們所討論的當責任務中，我們不希望太涉入第三項的懲罰性後果中。在第一與第二項中，雙方可以找到都可事先接受的創意思考，有些還要有進一步數字化陳述，又如，加薪至所有員工中的最高5％、規劃五年內成為部門總經理、多一週歐洲帶薪假期、多一次參加美國國際會議、個人或配偶參加公司特別獎勵計劃、成為總公司層級的規劃會議成員等等。

有許多當責感很強的個人，自律性很高，還會有自己的懲罰，懲罰自己在某一段時間內不得做那些自己原來很喜歡做的事，例如娛樂旅遊、美食享受。畢竟，當責有一大成分是發自自己內心的承諾與擁有感。

1.5 當責是一種合約

當責原是一種新價值觀的新建、改變與確立，然後會強烈影響一個人的企圖心與態度，進而採取行動並強調「交出成果」。在企圖心／態度，與行動／成果之間形成一座堅固的橋樑，宛如在每個人內心簽下一個負責任的「心理契約」（psychological contract），一如醫生出身的顧問克萊恩（Dr. G. A. Kraines）在他《當責領導力》（Accountability

Leadership）書中所述的，這份「心理契約」是確保雙方的
信任與承諾。

這種「心理契約」在克雷特眼中則是一份更正式的「當
責合約」（Accountability Agreement）。合約內容具體涵蓋：
焦點任務的內容敘述、當責轄區範圍、所受資源支持、評量
方法、最後成果目標，當然還有前述的「後果」說明；後果
包括正面的、負面的，數量化的、與非數量化的。

既然是一份合約，雙方就應有協商；不只後果承擔可先
協商，目標訂定也是一個重要的協商。畢竟，屈打成招或上
級交辦是會降低當責合約或心理契約的力道，尤其在這個知
識工作者正盛的時代裡（在第八章中，我將詳述當責式的目
標協商）。最後，我再綜述克雷特等人對當責的說明，他們
從另一角度定義當責——仍採中英雙解，讓思考更為深切：
Accountability is a promise and an obligation, to both yourself
and the people around you, to deliver specific, defined results. 就
是說：當責是一種允諾、一種義務，不只是對自己，還要對
週遭其他人，要交出一個特定的、已約定的成果。

不是我們常說的：已全力以赴，對得起自己良心；做多
少，算多少——有投入（inputs）就自然會有產出（outputs）；
都已盡心盡力，成果未必盡如人意也能甘之如飴。

「重要的是，不只是我們做了什麼事；還要的是，我們
負有當責卻沒做的事。」

———莫里哀，17世紀法國劇作家

*It is not only what we do, but also what we do not do for
which we are accountable.* ———*Moliere*

回顧與前瞻：

我們曾經在許多研討會中討論，實踐當責行為後對個
人、對團隊、對整個組織所造成的利益；討論非常熱烈，尤
其是在個人部份，例如：提升自主感、擁有感、成就感、尊
重感、互信感、榮譽感，與責任感等，這些當責行為在逐漸
實踐與成形後，將形成組織的當責文化，成為競爭優勢。

第 2 章

從模式與實例中
評析當責原理

當責運作有三種重要模式，都在避免陷入「受害者循環」
而導致自我挫敗。「當責不讓」要能縱觀全局，也能細審關
鍵所在，能細分當責與負責的不同責任深度與廣度，本章
中將以八個實例說明。

ACCOUNTABILITY

論述當責原理，可分兩個階段。首先，我要以「當責者」相對於「受害者」的三個基本模式開始，然後，再以「當責」相對於「負責」的八個實例做進一步闡述。當責的原理就會很清楚了。

2.1「當責者」對應「受害者循環」的三個模式

在「責任感」承擔上，如果不能勇於負責，勇敢地向外或向上跨出一步；則每每向內收縮，或向下沉淪，成了所謂的「受害者循環」的受害者？如果缺乏自我認知，或乏人指引，是很難提升的。如下畫成圖形模式後，不惟昭然若揭，也令人心有戚戚焉。

下述三模式：「水平線」模式、「企圖心」模式，及「同心圓」模式，給大家一個全貌的觀察。

2.1.1「水平線」模式

第一個模式是美國「領導力夥伴」顧問公司所倡導的，我參酌原意，加予整理後如下圖 2-1 所示：

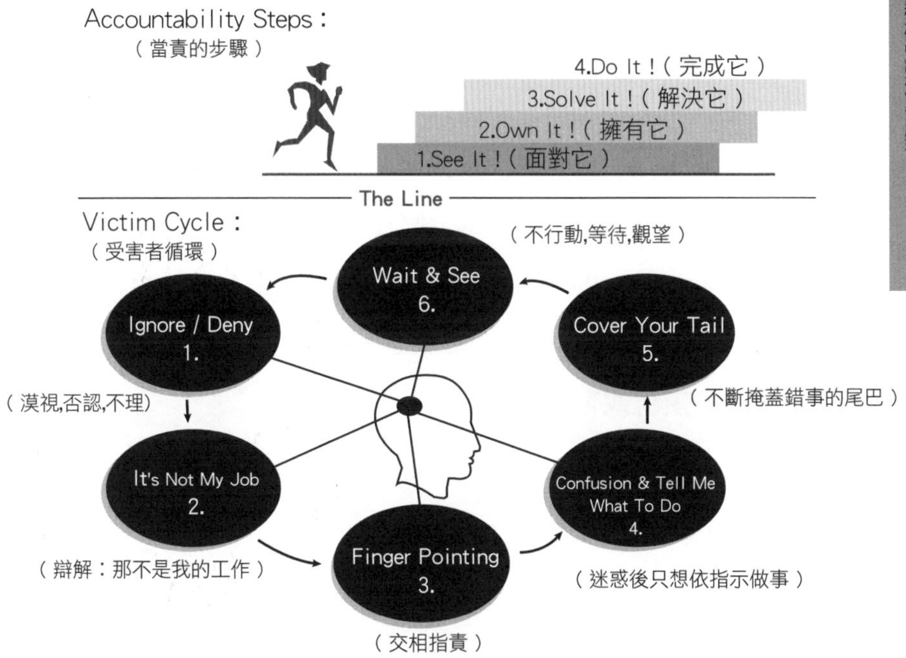

Accountability Steps：
（當責的步驟）

4.Do It !（完成它）
3.Solve It !（解決它）
2.Own It !（擁有它）
1.See It !（面對它）

— The Line —

Victim Cycle：
（受害者循環）

（不行動,等待,觀望）

Wait & See
6.

Ignore / Deny
1.

Cover Your Tail
5.

（漠視,否認,不理）

（不斷掩蓋錯事的尾巴）

It's Not My Job
2.

Confusion & Tell Me
What To Do
4.

（辯解：那不是我的工作）

Finger Pointing
3.

（迷惑後只想依指示做事）

（交相指責）

圖2-1 水平線分開的當責步驟與受害循環

（參考資料：R. Cennors, T. Smith & C. Hickman：The OZ Principle ）

　　一條細細的線分出兩個截然不同的世界，在水平線上面
的稱為「當責步驟」（Accountability steps）；有四個重要步
驟，拾級而上，依次是面對問題、擁有問題、解決問題，及
最後著手完成。說起來簡單，做起來可困難，因為有許多人
開始就無法勇敢面對，於是逃避、推拖、漠視各種問題，然
後很自然地掉落到水平線之下，稱為「受害者循環」，其中
有六種不同的受害心態，在思想中、在態度上、在行為上自

105

覺是受害者,循環懊惱不已。很多人難以自救自拔,必須藉助他人或組織文化上的幫助。一個成功的領導人有了自身的經驗,常可以在各節骨點上救部屬、救同僚,乃至救客戶,重新回升到「當責世界」上。康諾斯與史密斯在《翡翠城之旅》(Journey to the Emerald City)等著作中,曾詳細分析「受害者循環」裡受害者的六種心態,綜合言之如:

第一種是:漠視或否認

典型心態如:

● 從我的位置上看,我不覺得有問題。

● 我的調查報告沒有顯示這個問題。

第二種是:那不是我的工作

典型心態如:

● 這不在我的工作手冊內。

● 我不是被請來做這種事的。

第三種是:交相指責

典型心態如:

● 那些業務人員,實在是不懂怎樣銷售我們這種設計精良的新產品。

● 研發人員如能開發出顧客真正需要的產品,我們的業務目標就可達成了。

第四種是：真假迷惑後、不知所措；只想被告知怎麼做

典型心態如：

● 你到底要我們聚焦在哪裡？質或量？

● 你就直接告訴我怎麼做好了？（當然你是要負全責
  的）

第五種是：玩弄「掩蓋尾巴」的遊戲

典型心態如：

● 我早就警告過你了，請看我三個月前給你的電子郵
  件。

● 我已經把所有可能失敗的理由整理歸檔，日後備用。

第六種是：等待觀望，不肯行動

典型心態如：

● 我們正處在過渡期，時間過了，自然就變好了。

● 船到橋頭自然直，古有明訓。

這六種心態，如風火輪般旋轉，被捲入的無一倖免，都
成了「受害者」，在組織內部也形成了內耗，內鬥，乃至本
位主義盛行。

如果你能當責不讓，跑在水平線之上，你的第一步會是：

1. 面對它（See It）：面對冷酷事實，察納他人批評，誠
   懇公開溝通。

2. 擁有它（Own It）：積極介入，承諾目標，並與組織校準目標。

3. 解決它（Solve It）：面對難題，專注最後成果，不斷思考：為了成果，總是在想：我還可多做什麼？（What else can I do?）

4. 完成它（Do It）：確實執行，主動報告進度，也不斷有後續追蹤。

2.1.2「企圖心」模式

第二個模式是贏派顧問公司所建立的，其大意如下圖2-2所示。

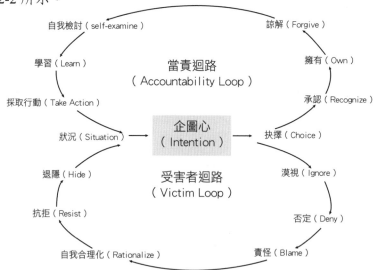

圖2-2 8字迴路下的當責與受害者

（取材自：M. Samuel & S. Chiche：The Power of Personal Accountability）

　　圖 2-2 是個 8 字外型的上下兩半迴路；在上面的，他們稱為「當責迴路」（Accountability loop），從坦承問題存在開始，到採取行動，總共六步驟完成當責任務。在下面的，是為「受害者迴路」（victim loop），他從忽視問題的存在開始，一路發展到隱藏自己、拒絕加入，總計也有六步，形成了受害者難以自拔的糾纏情境。

　　當外在環境發生狀況（situation）時，通常正是一種頗具挑戰性的狀況，你就開始選擇如何去回應。基於你的企圖心（intention），你會有不同的回應，也選擇了不同的路徑，乃至不同的命運。8 字向下——你會漠視該問題，否定自己要介入，終而責怪他人；然後，針對為何他人須負責而予以自我合理化，並抗拒他人要你介入的任何企圖；最後，你退隱自己，避免處理那件棘手問題，問題一直都會存在。

　　看來，人同此心，心同此理；「受害者迴路」的六步與前述的「受害者循環」的六種心態是頗為類似。

　　8 字向上，命運改變——你承認確有問題存在，並承接了「擁有權」，為了要解決它，你也諒解自己與別人讓這問題發生，然後擺好架勢，誠實自我檢討問題為何發生，並學習如何用不同新舊方法解決，最後，當然就是盡速採取行

動，讓行動產生一定成果。同樣地，「當責迴路」中的六步驟與前述的「當責步驟」四大步驟也是類似。

然而，第二模式的「企圖心」模式，與第一模式的「水平線」模式兩者，看法與做法雖相近，但仍有其相異點。在第二個模式的 8 字中，上面的「當責迴路」是不會一直在上面的，圖 2-2 很清楚呈現的是，當遇上另一種狀況（situation）時，他可能又生了另一種企圖心（intenion），也引發另一個抉擇（choice）；於是，一個原屬「當責者」可能再度淪落入「受害者」。這種現象，更符合企業經營的實況。

很多很成功的「當責者」，在時間、目標、業績、一時情緒，與多變環境等諸般壓力之下，是會重回受害者迴路中受苦受難的。英明神勇如 GE 的前 CEO 威爾許也自承，時而陷落其中；但，不同的是，這種人可以比較快速地奮身爬出。所以，第二模式中，兩種迴路有其一段交接處，在交接處仍會時有起落。要強調的是：縱使是個饒富經驗的「當責者」，在不同時空下，也不免掉落「受害者」；此時此刻，要靠的是自己的幡然悔悟、同僚毅然相助、或企業中當責文化無所不在的薰陶了。

第一模式中的一條細線，也是指一個心理爭戰不已的抉

擇過程：確認環境狀況、清楚心中企圖心、勇敢做出抉擇；
然後，重新又步上不同的旅程與不同的命運。所以，不論哪
一模式，重要的是：

　　注意一下，那條心中的紅細線！

　　注意一下，你的 8 字上下相接處！

2.1.3「同心圓」模式

　　第三種模式，是我在下圖 2-3 中所提出的：

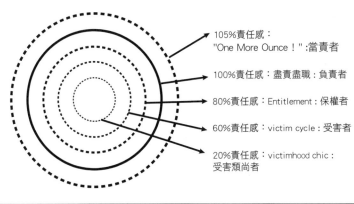

105%責任感：
"One More Ounce！":當責者

100%責任感：盡責盡職：負責者

80%責任感：Entitlement：保權者

60%責任感：victim cycle：受害者

20%責任感：victimhood chic：
受害類尚者

當責者	1.05 x 1.05 x 1.05 x 1.05 x 1.05 x 1.05 x ⋯⋯⋯⋯⋯ → ∞
負責者	1.0 x 1.0 x 1.0 x 1.0 x 1.0 x 1.0 x 1.0 x⋯⋯⋯⋯⋯⋯= 1.0
保權主義者	0.8 x 0.8 x 0.8 x 0.8 x 0.8 x 0.8 x ⋯⋯⋯⋯⋯→ 0
受害者循環	0.6 x 0.6 x 0.6 x 0.6 x 0.6 x 0.6 x ⋯⋯⋯⋯→ 0
受害類尚者	0.2 x 0.2 x 0.2 x 0.2 x 0.2 x 0.2 x ⋯⋯⋯⋯⋯→ 0
由害者轉當責者	0.6 x 0.6 x 1.05 x 1.05 x 1.05 x ⋯⋯⋯ → ∞

圖 2-3　責任感的內縮與外擴程度

　　如果你是個世說很有責任感的人，你的責任感是

100％；你克盡厥職，全力以赴，總是冀望圓滿達成任務、交出成果。你就是我們習稱的負責任的工作者，你是圖2-3中那個美麗堅實的實線渾圓。

但是，如果你認為，其實工作只需沿襲前例，崇尚天賦我權，只要做好份內事，自掃門前雪，循著固有官僚體系，成果也總會來到；如果成果未到，只是時間未到，縱使真的最後也未到，那也是天意。天意如此，夫復何言？那麼，你的責任感是往內縮了一層，變成了內部第一圈虛線，是為「保權主義者」（entitlement）。保權主義下的員工確是在負責，但責任感不足、目標感不足，個人成就感，或共同成果感當然也不足。

保權主義下的領導人，有空也要想一想：「拿掉帽子（title）後，仍有多少人會聽你的？」

> 「我相信，每一份權利必然包含著一份責任；每一個機會必然包含著一個義務；每一個持有必然包含著一個職責。」 ——小約翰・洛克菲勒
>
> I believe that every right implies a responsibility; every opportunity an obligation; every possession a duty.
>
> ——John D. Rockefeller. Jr.

　　如果，你更退一步而漠視、責怪、迴避、拖延、退隱，就成了典型的「受害者」，你的圓又往內再縮一圈，成了第二圈虛線，這時你的責任感可能不到 60 ％。你常以「受害者」自居、自顧自憐，也常委曲求全。

　　如果，你對受害狀況已開始能安之若素，且自成歪理，甚而甘之如飴；平時做人處事但求憐憫，有功無賞無所謂，有錯也期待被放一馬，閒暇顧影自憐，自放於責任、義務、權利與名位之外。那麼，你的責任感已降至 20 ％，圓又內縮了一圈，成了第三虛線圓；在日本，又稱為自由工作族，還會成為時尚。

　　不論你的責任感是 80 ％、60 ％、或 20 ％，這種價值觀、態度、行為、乃至行動，在事業旅程中，都將精力潰散，遲早虛耗殆盡，終是失敗歸零。

　　當然，傑克‧威爾許在第 1-3 節中的「真情告白」與諄諄告誡，不啻醍醐灌頂，或當頭棒喝了，回到實圓吧。

　　你看到 100 ％責任感實線渾圓的更外一圈圓了嗎？那是當責——當責不讓，以確保成功、交出成果的當責。它在數學意義上是：多加了 5%、10 ％、乃至 20%；在物理意義上是：「我能『多』做些什麼？」英文是："What else can I do!" 文中重點在於：＂else＂，這英文字也可數量化如上所述。

同樣一園心田，可能化為層層同心圓。從負起當責交出成果、全心全力為工作、到保權第一、到責任如重擔能免則免、到反對職責同時也棄權。是向外、向上擴張而湧起千層浪？還是內縮為一陣漣漪後，令人心碎的平靜無波？能不深思、警惕嗎？

100％的責任感之外，是一個怎麼樣的成長空間？下面我將由八個不同的角度，進一步檢視「負責」之外、之上的「當責」的精義與原理。

2.2「當責」對應「負責」的八個比照

在現代管理中，Accountability（當責）與 Responsibility（負責）已有明顯分界，這種分界已在流程／專案管理、產品／軟體開發等等活動中協助釐清關鍵性的不同角色與責任。角色與責任釐清後，絕對有助於提升活動的「有效性」：含 effectiveness（有效果），與 efficiency（有效率）。

下列八實例中，我們將深入了解「當責」與「負責」的明顯分界，將有助於進一步了解當責真義。

2.2.1 當責原理第一例

在第一章中，我曾提及美國橡樹嶺科技教育學院與加州大學對當責與負責所做的區分說明。下述案例，有相當類似的說法；提出的則是在埃森哲（Accenture）顧問公司有約三十年顧問經驗的資深主管包蓋思博士（Keith Burgess）及其研究人員，我保留原文，讓原意更精準參考：

> 負責（Responsibility）是：
> The obligation to act or to produce. 亦即，有義務採取行動或有所產出。
>
> 當責（Accountability）是：
> The obligation one assumes for ensuring these responsibilities are delivered. 亦即，有義務確保這些行動責任確能交出成果來。

所以，一個有當責的經理人，應該首先負責對已定案的計劃採取行動，然後還要對這些行動／任務的確實完成，負起全責。

為「成果」負「當責」（Accountable for results），是組織內每一階層經理人當盡的義務，不論這個組織是營利性或

115

非營利性的。

　　也許，一個更簡單的實例是郵寄物品：準時、依規，把物品寄出，就是負責；如能再追蹤收件人，確認是否收到，是為當責。為確實達成任務，甚至還會思考何種投遞方式、何家公司更可靠、沒收到時還能立即設法補救，就是當責中的為所當為了。等而下之的，就試試這些人：「郵件已依規定寄出；你問我，我問誰？」「沒收到？那是郵局的錯，我可管不到郵局。」「補寄？依照我們規定辦理」。

2.2.2 當責原理第二例

> 負責（Responsibility）是：
>
> Commitments are made to oneself. 亦即，承諾是對自己所訂下的。
>
> 當責（Accountability）是：
>
> Commitments are made to others. 亦即，承諾是對別人所訂下的。

　　這是列文生學院（Levinson Institute）總裁兼CEO，克萊恩博士（G. A. Kraines）的論述。克萊恩是管理與領導學的顧問，在哈佛醫學院工作過，曾寫過許多有關腦與心智發

展、工作壓力、組織角色的書，及《當責領導力》一書。

　　不論負什麼樣的責任，通常都會許下承諾，承諾下給自己與下給別人有很大的不同。我常用的實例是，一個兢兢業業的工程師可以說：我每天夙夜匪懈、超時工作，還外加周末加班，我對得起自己良心，也對得起公司，仰不愧天，俯不怍地。但，問題是：他答應給顧客的、給老闆的、給其他同事的，多沒能給出；那麼，他的「當責」是有問題的。

　　克萊恩博士說：當責的承諾是下給別人的。如果，要對這句話再改進的話，我認為當責的承諾是同時下給別人與自己的，是比單純下給自己更嚴峻的。

2.2.3 當責原理第三例

負責（Responsibility）是：
「執行」的責任──有責任確實執行被交付的任務。

當責（Accountability）是：
「成果」的責任──不管怎麼做，有責任交出成果！

　　這是日本企業經營顧問，上原橿夫在他的著作《願景經營》中提出的。上原並提例：目標管理（MBO）上應負的責任就是「當責」，所以目標經協商並確定後，是一定要交

出成果來的（deliver! deliver! deliver!）。如果你仍不明白個中精義，你就常會有：沒有功勞也有苦勞，或雖敗猶榮的迷思與迷失。這也就難怪世上有很多組織在執行「目標管理」時，學皮學肉卻沒學到精髓，以致難竟全功。

2.2.4 當責原理第四例

> 負責（Responsibility）是：
> About doing something right. 亦即，把事情做對。
> 當責（Accountability）是：
> About doing the right thing. 亦即，做對的事。

這是李普頓在他 2003 年哈佛商學院出版社的《引導成長》（Guiding Growth）書中的見解。他同時指出，在一個充滿活力的組織架構中，最重要的特質要素就是：「個體當責」（individual accountability），而非「個人責任」（personal responsibility）。

把事情做得又好又快，是一種「效率」（efficiency）；但，如果事情本身並不是對的，那麼這種「效率」就不重要了。正如彼得・杜拉克說的：

「做正確的事，比正確地做事，更重要。」

118

「沒有什麼事比『在一些我們最好別做的事上，獲得更高的效率』更沒有建設性了。」

所以，彼得・杜拉克總是在強調經理人的「效果」（effectiveness），也就是要 get results! 他很少談「效率」，並認為不是效率不重要，而是有更重要的要談；而所謂更重要的，當然指的正是效果、成果了。

把事做成了，但事的本身不對——有些工作者還是不在乎的，反正是交辦的事，交差完畢就了事，至於它在最後結果中造成什麼貢獻？那是老闆的事，我至少是有苦勞的。所以，有時你會在工廠遇見這種詭例：客戶已經確定不要這種產品了，製造主管還是照樣趕工趕出，以了結一樁工事。

當責是首先要確認是對的事，然後把事做對、也做快。所以，如果要對李普頓有關當責的說明做個提升，那麼，Accountability 就是 About doing the right thing right。多加了最後面的一個 right 字，這位老闆或許已近乎苛求；或許，超越「當責」後，就稱為「苛責」吧！

英特爾（Intel）著名的 CEO 安迪・葛洛夫在卸任後成為董事長，最後在離開董事會時的演講上宣稱，英特爾從開工第一天起就以 Do the right thing right 為價值觀，他希望以

後董事會能繼續保持並發揚光大這個價值觀。那麼,「苛責」
其實也不那麼「苛」吧。

2.2.5 當責原理第五例

> 負責（Responsibility）是：
>
> 廣義名稱；例如在組織架構中,所謂的 Role &
> Responsibility（角色與責任）。此時「負責」泛指所
> 有責任,甚至包括「當責」。狹義名稱；指相對於
> 「當責」的一種更精準的責任定位,有助於在現代管
> 理中釐清責任歸屬。

> 當責（Accountability）是：
>
> 有許多複合詞的同義字；經常出現在以前各種管理
> 文獻中, 如：overall responsibility（全面責任）、
> whole responsibility 或 full responsibility（完全責
> 任）、ultimate responsibility（終極責任、最終成敗責
> 任）、strict responsibility（嚴格責任）, 及 absolute
> responsibility（絕對責任）等。

所以,「當責」比「負責」有更深、更廣、更主動的責
任涵義。

2.2.6 當責原理第六例

負責（Responsibility）是指：

專業人的責任；專業人（specialist）要執行特定任務或上級分派的工作；或圓滿達成被授權的職務內容。

當責（Accountability）是：

經理人的責任；經理人必須體認與接受，負起在轄區內任何活動的全部責任——無論原因為何；當責是管理者的職責。

　　這是美國 RES 顧問公司總裁馬丁在描述著名的跨國顧問肯寧的畢生經驗時，所引述的定義。肯寧在 1950 年代即在 GM（通用汽車）推動一些有關當責的活動了，這個定義其實已經下到實作階層了。下述五條原則也成了有關當責的所謂「肯寧原則」：

1. **承擔當責與否，是評定一位經理人資格的關鍵要素：**
   經理人是透過他人完成工作的，所以要選對人、訓練人、有互信、明指示、明要求、給資源、做評估、然後承擔成果，不會有任何藉口；經理人的必備心態是：接受當責帶來的挑戰。

2. **與上司釐清轄區、協商目標，商定後負起當責：**要積

極主動釐清，不能以上意不明、下層無能為其藉口。

3. **承擔當責意味著全盤接收，不會有任何附帶條件**：經理人原就無法一一掌控每一件事，但仍是要承擔整體成果；成功經理人都要能接納這種挑戰。

4. **當責不能與人共享，在一個轄區內只能有一個人負有當責**：七、八個人一起負起當責，與無人負有當責是同義的。

5. **善盡當責與否，是評估經理人績效的基礎**：善盡當責，故能全力達成協定後的目標，讓組織如團隊一般運作，透過他人完成工作而不一定親力親為，訓練部屬、幫助組織或團隊內的人成功。

當責的觀念與行為不斷進化，今日已非事後找代罪羔羊以結束一筆糊塗帳，而是在一開始就訂下遊戲規則，以期「當責者」一馬當先，以解後患；在錯誤發生之前，就已知道誰要負責；或者樂觀些，是在成功之前，就已知道誰將會享殊榮；然後，把焦點集中在失敗的預防上，而非準備事敗後的交相指責。你，成功的機會更大。

事後的瘋狂交相指責，我們稱之為 blamestorming，很傷人也傷神，最後會是「人神共憤」。

2.2.7 當責原理第七例

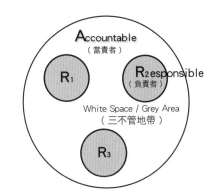

基於上述六例，依多樣角度來看，我們可以發現，原來責任可以有兩個層次，如下圖 2-4 所示。

在一個轄區內，通常是要有一個人負起最後成

圖 2-4　當責者與負責者的責任層次

敗責任的當責，即 A（當責者）。在當責之下，有許多人分擔許種多不同的工作責任，如 R_1、R_2，與 R_3 等。

R_1、R_2、R_3 是專業人，也正是執行工作的工作者（doers），他們負責執行那些分別被授權的職務內容。A 負有當責，是個經理人，是要透過他人完成工作的，要對轄區專案的成敗，負起最終責任，一併承擔起正面性或負面性的後果。

當責的人不會在轄區內找藉口，在圖 2-4 的轄區內，有 R_1、R_2，與 R_3 各負責的專區，是比較不易出錯的地方，四周廣大的區域習稱「白色空間」（white space）〔註〕，或中

註：white space 直譯為「白色空間」，多年來原意指三不管地帶，亦可稱為灰色地帶；但近年來討論策略時，亦有稱策略上未開始或待開發之區域為 white space 者。本書仍沿用舊有用法。

文的「三不管地帶」——R_1、R_2，與 R_3 三個人都不管的；這區域正是執行力脫鉤、溝通力不良、互踢皮球的灰色好地帶。通常，專案或部門沒能交出成果，原因多在此，故也是當責者應重視的地方；這個地方包含各種活動，有專業的、非專業的，乃至天災人禍——有可抗力、不可抗力的。有些事件發生時，是對當責者有利的，當責者興奮之餘每呼：「天助我也」；有些事件對當責者，形成雪上加霜，就成了「天亡我也」。但，當責者要認清的最公平法則是：不論天亡我也，或天助我也的事件，都能一肩承擔，不找藉口。

舉個例：如果，你的公司原設在紐約世貿大樓，在 911 事件中全毀了，你有「責任」嗎？

在法律上，你應該沒責任；但，在企業經營上，你絕對負有當責——就因為你原就認定負有當責，所以，你會做風險分析、做異地備援系統、做緊急應變計劃、做……。因為有當責概念，所以摩根史丹利投資銀行可以在三十分鐘後，立即在附近第七街成立應變指揮中心，並在兩週後在紐澤西州第二辦公室由「異地備援系統」恢復運作。摩根史丹利是世貿大樓最大承租戶，三千餘名員工分處 25 樓層，但劫後重生，其他絕大多數的鄰居公司，卻從此一蹶不振，或就此

銷聲匿跡。那批人同聲一嘆，這麼大的天災，誰也不必負責，誰也沒罪，天意如此；只是，公司永遠不見了。

那麼，小一點的災難呢？如果你負責一條生產線，在產品供不應求、需求孔殷下，你的生產線突遭天雷打斃，無法生產——你當然是無法控制老天打雷，你會有責任嗎？

當然有，你負的是當責，你為何沒做預防或備案措施？縱使事前、事中、事後都進行妥善措施，但當責在身你還是難以怨天尤人，最後說不定還丟官走人，公平嗎？你看過許多冰雪聰明的 CEO 也是如此這般丟官走人，公平嗎？且不論公平與否，實際上，企業是一直這樣殘酷地運作著。或許，長嘆一聲，官運不濟，又奈他何？只是，長嘆後如敢承認失敗，那麼或有機會東山再起；如陶醉在雖敗猶榮，或麻醉在憤世嫉俗下的，恐怕都難望再起了。

不管在什麼狀況下，當責做為個人或公司價值觀，可以武裝你的思想、心態、態度、行為、行動、乃至成果，或失敗後的重建。「當責」，當然多給你一份振奮良機。

2.2.8 當責原理第八例：銳西（RACI）法則

責任有兩個層次這一觀念，事實上已延伸應用於所謂的「銳西法則」（RACI）中，應用於美、歐大小公司的流程管

理、專案管理、產品開發、軟體開發、跨部門/跨國團隊管
理；用以釐清角色與責任，又稱「責任圖解」（responsibility
charting）。這個責任圖解涵蓋四種角色、四種不同責任，能
有效推動各種活動，其定義如下：

✻ R 是：Responsible（負責者）

是實際完成工作任務者，是個 "doer"。負責行動與執
行，任務可由多人分工，其分工程度由 A 決定。

✻ A 是：Accountable（當責者）

是負起最終責任者。具有確定是/否的權力與否決權
（veto power），每一個任務活動只能有一個 A。

✻ C 是：Consulted（被諮詢者）

在最後決定或行動之前必須諮詢者。可能是上司或外
人；為雙向溝通模式，需提供 A 充分且必要之資訊與支援。

✻ I 是：Informed（被告知者）

在一個決策定案後或行動完成後，必須被告知者。在各
部門、各階層，或後續計劃者，為單向溝通之模式。

這個定義廣用於微軟公司、杜邦公司、美國 PMI、英國
ITIL 組織、許多大中小企業、許多顧問公司及管理論著中。

或者，以簡化的英語來說：

R：是 "The doer"，是 Position working on the activity.

A：是 "The buck stops here."，是 Position with yes/no authority.

C：是 "In the loop"，是 Position involved prior to decision/action.

I：是 "Keep in the picture"，是 Position that needs to know of decision/action. 英文敘述，精簡扼要。

記得杜魯門總統的座右銘 "The buck stops here." 嗎？他是整個國家的 A。如果以圖形來表示，下圖 2-5 最合適了：

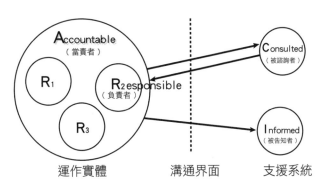

圖 2-5　角色與責任的圖解

左邊的 R 與 A 是實際上在推動各種活動的運作實體，分別負起責任、完成各項任務。同時，他們透過中間溝通界面，在右邊取得協助與支援：其中一個是「事先諮詢者」C，他們提供寶貴資訊與經驗，乃至更多協助；但無否決

127

權，這個 C 常是高職位者，通常運用的是「影響力」而非
「權力」。另一個是「事後告知者」I，例如是人事，可幫忙
找人；例如是財務，可給資金；例如是後續計劃主持人，亟
需資訊等；又如是客戶，他們都需要知道你的重要進度的。

在下一章中，我將詳細討論分析 RACI 的應用。

回顧與前瞻：

本章第一節的「同心圓」模式，獲得許多讀者與學員的
熱烈迴響。一個很負責的人，如果不能繼續往上提升到當責
的境界，就很容易像隕石般墜落到保權主義者、到受害者，
甚至一直到圖 2-3 中仍未提及的「0% 責任感」者──這些
人不只連權力責任都不要了，他們還可能自殘自廢自困，總
是期待別人的協助或拖捨。

數學運算式也很受歡迎，許多人看到 0.6 一直乘下去會
變為零，都矍然而驚；但，看到最後一項「由受害者轉當責
者」，仍有機會轉為無限大時，也充滿著轉型希望，與期待
轉型後最後的贏。

這個最後的贏，其實也有挑戰期限制的，記得在一次為
期兩天的研討會中，第二天一早，這位數百億級公司的總經
理就提出挑戰，他說：如果 0.6 乘太久了，1.05 是很難再救

回來的！誠哉斯言，一針見血；「受害者循環」是不能待太頻或太久的，否則還是難救起的。

　　當責如果用在自我提升上，其實連 5% 都太多了，日本最大網路購物公司的樂天市場，是三木谷浩史先生創立的。他說，如果你每天都成長 1%，一年後就會比現在強大 37 倍，數學式如下：

1.01 × 1.01 × 1.01 × 1.01 ×……（乘 365 次）＝ 37

又是一件令人瞿然而驚的事。

　　你不相信嗎？如果從今天起，你每天比前一天增重 1%，一年後的今天，你會增重達 37 倍。

　　誰要為你的學習負責？讓我們為自我學習負起責無旁貸的當責，如果你 30 歲，已停止了學習，你是 30 歲的老人；如果你 60 歲，你仍學習不輟，你是 60 歲的年青人。

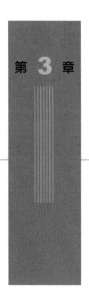

第 3 章

當責的
一些關鍵性應用

責任可以圖解嗎？以當責為主軸的「銳西法則」（RACI）
用於釐清角色與責任，已在許多大小企業中協助大小專
案管理；與時俱進，「銳西法則」應正名為「阿喜法則」
（ARCI），本章給你許多故事，再加十一個精彩應用實例。

當責的一個重要而具體的應用是用於「責任圖解」，
用的是前一章所介紹的「銳西法則」（通稱為 RACI
Matrix 或 RACI Technique）。銳西法則要幫助澄清的是：誰
負什麼責任？（Who is responsible for what?）責任可以圖解
嗎？波曼與迪爾（L. Bolman & T. Deal）在他們 1987 年的
著作《認識與經營組織的當代之道》中，首先提出了 RACI
的概念。在當時，R 代表 Responsibility（負責者），A 代表
Approve（核可者），C 代表 Consulted（被諮詢者），I 則代
表 Informed（被告知者）。

　　R 是真正的執行者，是個 doer；要瞭解實況、分析狀
況，以發展出各種可行方案，提出建議，然後向 A 尋求
Approval（核可），再去執行；A 常需與 C 做雙向溝通，多
方討論，取得意見；並在事後通告 I 各項進度與成果。於是
RACI 逐漸形成一種「責任圖解」的模式與工具，也成了商
業流程規劃的一部分了。

　　後來，RACI 有了一些演變，R 代表 Responsible（負責
者），A 則由 Approve（核可者）轉變成 Accountable（當責
者），C 也由 Consulted（被諮詢者）變成 Contribute（貢獻
者、資助者），或 Consent（同意者、認可者），後來又回

到 Consulted（被諮詢者），I 則一直都是 Informed（被告知者）。

　至於英語詞態，就很奇怪；名詞、主動詞、被動詞、形容詞、還雜用動名詞的，就葷素不忌，似乎沒有章法了。

　RACI 的一個典型應用故事如下：早期，最通用於軟體設計業。老闆想到了一個好主意，於是立刻找來三、五個部屬，分配工作，分頭進行；部屬工作一陣後，有了初步進度或結果，需要有人核可，然後才能再往下繼續推動。老闆官太大，於是找來另一個官來核可（Approve）。之後，發現既然是核可，當然要負責，要負責就得更主動積極些，於是又成為當責者（Accountable）了。同時，老闆也找來學驗俱豐者，做為顧問（Consulted），或者，自己在正式授權後，也成為顧問之一或被諮詢者。工作有了進度或結果後，也要通告周知有關人等（Informed）。RACI 於焉形成，成為一種責任圖解、工作模式，或作業流程。

● 微軟公司用於流程管理；如在 MOF（Microsoft Operations Framework）中，多處推介使用。

● 杜邦公司常用於專案管理、年度計畫之規劃與執行，及跨部門與跨國專案管理。

● 美國幾家大型石油公司及許多醫藥公司盛用於專案管

理與產品開發。

● 技術溝通學會，及專案管理學會（PMI，即 Project
Management Institute）推介使用於專案管理中之角色
與責任的澄清。PMI 還認定 RACI 是執行專案的成功
要素之一。

● 美國環保署用於大型計畫的規劃與管理，RACI 圖解
有時可長達十數頁，後文還有詳述。

綜合來說，RACI 的技術除一般的流程與專案管理外，
尤適用於新計劃的有效啟動，或混亂老計劃的重理頭緒、撥
亂反正。

RACI 的架構越來越清楚、也越來越有用；但 RACI 本
身的用字次序與用義卻開始有了爭議。專門為軟體工程業提
供管理服務的愛捷顧問公司（Agile Management）的安德生
（D. Anderson），在 2005 年初，曾著文急呼，要為 RACI 正
名為 ARCI；因為 ARCI 才能更精確地把 Accountable 的「當
責者」，明正言順地擺在首位。他發現，很多軟體業老闆在
推動專案時，急切地找到 Responsible（負責者）來工作，
卻常忽略了「當責者」，導至工作很難推動，也難保效率與
效果。所以，應以 ARCI 清清楚楚地擺正焦點在「當責者」

上。所以,「是 ARCI,不是 RACI」他們說。

其實,更早之前,在大西洋彼岸的英國商業部的 ITIL 學會(資訊工程基礎建設學會)已在他們的所有管理技術文獻上,全都改成了 ARCI。在微軟及許多公司的 RACI 定義上,也總是把 A 排在第一位而進行定義。管理學家多波特(Dr. D. Daupert)在《工作中的創意》書中論及「解決問題的創新流程」時,也早已使用 ARCI,而非 RACI 了。

「當責」的概念,在華人社會中尤為重要。最近幾年來,在華人世界的許多研討會裡,我都在使用 ARCI,並音譯為「阿喜法則」,讓「當責者」與「負責者」的角色扮演,乃至權重次序更清楚明白。於是,在有些公司中,老闆在派定經理人執行專案時,經理人開始會主動釐清:「我是 A,還是 R?」所以,要更清楚地整合各自為政的 R、要消除各 R 之間的許多白色空間、要更強烈導向一個集體成果(get collective results),我們需要一個對當責有正確而強烈認同的「當責者」(即 A)。把他擺在第一位,然後要他找到適當的 R 們來進行工作。固然,他很有能力,但許多事無法親力親為,也不能獨斷獨行,所以他也有(或被授予)C——除了防止專斷偏斷,也可取得許多寶貴資訊與經

135

驗，乃至於行政官僚上的支援與資源。最後，他要跨出他的熟悉圈圈，對外「報告」，乃至尋求「支援」，所以又有了 I（Informed）。

在 ARCI 中，各各詞的定義與 RACI 的完全一樣；但為了對照，也為了更精準地釋義，請參閱下頁之英文加註，值得深思。

這個定義廣用於美國的微軟、杜邦、醫藥業、石油業…PMI，英國 ITIL 及許多國際管理顧問公司。

「當責者」的 A 在授權完成後是擁有決定權與否決權的。有了權力，當然相隨的是責任——即，所決定與否決的事的最後成敗責任。「負責者」的 R 是個執行者、工作者，首要是 100％ 擁有工作的責任感；但也不僅於此，因為除本身責任之外，還有對所謂「個人當責」（Personal Accountability）與「個體當責」（Individual Accountability）的抉擇與追求，將在第四、第五章中進一步討論。

此外，C 真的是沒有否決權嗎？

這點時發爭執。因為 C 通常都是更資深主管，甚至是頂頭上司；但，此時 C 如果要改變 A 的決定，常用的管理技巧是彼得‧杜拉克名言的三大力量：「影響力，影響力，影響力」。

　　想想看，如果 C 忍不住越「權」而行使了否決權，那麼，猴子（責任）又立即跳回 C 自己背上了；因為 A 會說：我現在只是在執行老闆的旨意。這不只無法強化部屬（此時是 A）的執行力及對成果的負責力，也無法培養部屬的領導力；還可能對部屬的信任與信心造成傷害。許多中高階主管常在這些關鍵點上自亂陣腳、自毀陣營，把角色與責任關係又弄回一片「毛茸茸」的世界了。

　　以下十一個應用概念或實例，將有助於應用的實踐。

註：ARCI 之英文定義

Accountable: "A"	The individual who is ultimately responsible. Includes Yes/No authority and veto power. Only one "A" can be assigned to an activity.
Responsible: "R"	The individual (s) who actually completes the task － the doer. Responsible for action/ implementation. Can be shared. Degree determined by "A".
Consulted: "C"	The individual (s) to be consulted prior to a final decision or action. Two-way communication.
Informed: "I"	The individual (s) who needs to be informed after a decision or action is taken. One-way communication.

3.1 ARCI 應用例：大船出航

你應該沒有管理大船出港的經驗或機會吧；但，下例仍不失為好例，就當是 ARCI 大船要出航吧！希望出帆快樂順利。

如果有一艘大船正要離港遠航，那麼，有哪些重要工作或決定要進行？角色與責任又如何釐清？

請看下表 3-1 的「責任圖解」，這張表是從網路下載的，原文並無一字說明，於是我做了進一步的解釋：

工作 / 決定 / 里程碑	船長	航海長	一等航海士	輪機長	事務長	糧儲官	港務局
一、繪製航線圖	C	A/R	I			I	
二、訂購糧食補給品	C			C		A/R	
三、訂購燃料油	C			A		R	
四、取得出航許可	A			R	R	R	
五、揚帆起航	A	C	R	I			
六、向領港員取回控制權	A/R				C	I	I

表 3-1　大船出航責任圖解表

在第一項工作的繪製航線圖中，負有當責（A）的是航海長，因為編制或工作特質，他自己同時也要是工作者（R）；當他繪製時遇到重大決議點或需採取某一重大行動之前，他需要諮詢船長（C），最後做成決定的仍是航海長，因為他是A；做成決定或完成大事後，他要通知航海士（I）與糧儲官（I），但不必通知事務長或輪機長——因為他們沒被列為I。這項工作指的是「繪製」航線圖，應非關早已明定的航行目標或策略。其他的觀察，還有：

● 在橫列六項工作／決定中，從第一到第六項裡，每一項工作都只有一個A，這個A要做決定；每一項工作裡都會有一些R，工作在他們手中執行著；但，C與I不一定有排定——能免則免，避免公公婆婆太多，無聊地指指點點；或通告滿天飛，事不關己、無人聞問。其他不列入I者，如需被告知，應主動告知A。

● 在縱向七欄人員裡，船長擔負有三個A，三個C，還有一個兼職的R；不是一般責任分配中，常見的日理萬機、鉅細靡遺的六個A到底！而輪機長、航海長、糧儲官則分別各承擔一個A。如果，經此圖示後，你發現有人只有C與I的工作，沒任何A或R，那麼他此刻可能太閒了。全船總任務的大A，當然是船長。

139

● 橫向工作分屬不同職位、功能、或人員,所以在大型
  組織或專案中,每一項橫向工作,常成為一種跨功能
  的團隊運作。

3.2 ARCI 應用:微軟的一個績效改進計劃

Tasks	Architect	Administrator	Developer	Tester
1. 績效目標	A	R	C	I
2. 績效模式化	A	I	I	I
3. 績效設計原理	A	I	I	
4. 績效建構	A	C	I	
5. 結構與設計審查	R	I	I	
6. 規章、開發			A	
7. 技術有關之績效專題			A	
8. 規章審查			R	I
9. 績效測試	C	C	I	A
10. 調整改進	C	R		
11. 除錯	C	A	I	
12. 開發審查	C	R	I	I

表 3-2　績效改進計畫責任圖解表

這個計劃是個集體性努力，有橫列十二項工作與縱向四種角色。微軟公司希望把 "Who Does What?" 在計劃的起初規劃中，就說明清楚，於是上表 3-2 的「責任圖解」就成為一個簡單而重要的工具了。

比爾‧蓋茲在退下微軟的 CEO 後，曾當過微軟的董事長兼 "Chief Software Architect"；上表 3-2 中的 Architect，官名與蓋茲屬同一族，理應也是責任重大，在十二項工作中有四個 A、四個 C、一個 R，比當（或兼）十二個 A 的，會有更高的效率與效果。有一些工作項上沒有 R，於理不合；但可能另外有定義，例如：A 也要兼 R 寫成 A/R。本計劃的大 A 也沒列出。。寫成 A/R。本計劃的大 A 也沒列出。

3.3 ARCI 應用例：美國環保署的一個大型計劃

美國環保署稱在計劃中使用 ARCI 這個工具的目的是：(1) 讓團隊成員更瞭解他們是被期待完成什麼？(2) 防止事件從隙縫中漏失；(3) 授出適當的責任與權力，以確保工作執行成功。所以，他們從計劃剛開始就應用 ARCI 技術了。此外，因 EPA 是政府機構，當然也是受 GPRA 法案的影響了。

這個總長達十幾頁的「責任圖表」中，我只取出其中一小段以做為應用參考與討論：

141

活　　動	Project lead		RAC	OECA	OGC	Program Office	Sponsor	State	Stake-holders	Project lead
	OR	Re-gion								
4.0 FPA 開發										
4.1 召開 FPA 啟動會議	C	R	I	C	C	C	A/R	C	C	
4.1.2 所有成員決定有關的重大改變	C	A/R	I			C	A	C	C	
4.1.3 EPA 確認所有成員都有 XL流程的套裝資料	A	R		I	I	I	I	I	I	
4.2 所有成員發展FPA及法務的機制	R	R	I	C	C	C	A	R	C	
4.3 RAC通過 FPA最後案	C	A	C	C	C	C				

表 3-3　大型專案執行責任圖解表

　　在上列責任圖表中，最上橫列的職務或人員，都已化為部門，有些部門名稱又簡化成「字母湯」；但無礙於我們做

進一步的討論：

* 活動部分的最左縱向欄位已延伸應用到「流程」乃至更細的「程序」。全案活動的流程及各項「次活動」（sub-tasks）都已包含，這種流程化處理有助於團員教育與溝通，及系統化管理。

* 最上橫欄的人名、職位，已延伸擴大到部門、委員會整體，甚至包含了「利害關係人」（stakeholders）。在某些公司的特別專案，如新產品開發等，也確實把「客戶」納入 ARCI 運作中。如不涉及公司機密，「供應商」甚至也在考慮之列。

* 在橫向工作欄 4.1.2 中發現有兩處 A。兩個 A 是否造成問題？ EPA 在此的解釋是：他們希望區域（Region）的 A 只是確認決定或行動是否確實在進行，真正的 A 還是回到專業贊助者（sponsor）身上。

你發現 C 與 I 特別多嗎？也許，這正是政府機構的特色吧。在講求效率與效果的私人公司中，通常會儘量減少不必要的 C 與 I 的。

C 與 I 雖然也代表時間成本與人力成本，但不能犧牲掉重要的溝通。

同屬政府機構的美國太空總署（NASA）則沒使用ARCI，他們自創了 RAA（Role, Accountability, Authority）法則；方法有異，但 Accountability（當責）的精神、精義、乃至精華仍是不變地貫穿其中。

3.4 ARCI 應用例：跨部門團隊

下例的表 3-4 中，最上橫欄對部門、職位、乃至人名有了更具體的描述。

活動	銷售				技術			製造	行政
	副總	經理	業務員	技服員	副總	經理	技術專員	經理	經理
一、開發新產品	A	R			C	R	R	R	I
二、興建新廠	C		R		A	R		R	I
三、爭取新客戶	I	C	A/R	R					
四、									
五、									
六、									

表 3-4　專案的角色與責任圖解表

第三案活動的新客戶爭奪戰是屬較單純的部門內活動，表中顯示的是，這個業務員負有最後成敗的當責。因為責任

範圍並不太大，所以自己也兼了一部份 R，但還有一位技術員也是 R，是在幫忙他，這個 R 在許多實例中，其實也非佔據他 100％人力不可，而可能只是 40％；亦即每一週的工作時間中，約有兩天是用在這個案子上——他算是戴了至少「兩頂帽子」（wearing two hats）了。

業務員 A 遇到重大決定或重要行動之前，一定要諮詢 C 的銷售經理——也是他頂頭上司。至於老闆的老闆——副總，因為是 I，所以事後是成是敗告訴他就可以了，事前不必囉唆。

第一與第二案的活動，顯然都是跨部門活動。跨部門活動知易行難，常成很大挑戰；ARCI 正可協助釐清各成員的角色與責任，跨出比較穩當的第一步。如果 ARCI 的責任與角色弄清楚了，當責的真義也弄清楚了，其實，你並不必太在乎 R 的位置——不只跨部門、跨國、乃至跨階級運作都是可行的。

我將在第十章中詳細說明跨部門團隊的運作。

綜合上四例，我們可以發現，ARCI 應用的目的，無非在闡明：誰負責什麼？（Who is responsible for what?）或更簡潔些，誰做什麼？（Who does what?）並且更精準地定義介入的程度，及當責者之所當為。許多企業運作在這一部分

145

常形成白色空間，或稱灰色地帶，在在嚴重威脅執行力的貫徹與最後成果的攫取。

綜合來說，ARCI 責任圖解的基本模式是如下圖所示之矩陣：

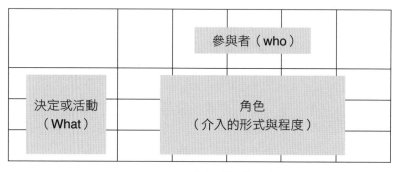

表 3-5　ARCI 責任圖解基本模式

詳論之，各部之詳細意義則以下表 3-6 來做分析：

功能性角色 決定／功能／活動	完成一個活動或「次活動」 所派定的角色或職位						
完成一個商業流程的一系列活動 或「次活動」	R	A		C		I		
	A	R	R	C	C	I	I	
	C		R		C	C		A
	C		A			R		
	I	C		R	A		C	R
		I		C	R	A		C

表 3-6　ARCI 責任圖解實例

146

先對上表 3-6 的 ARCI 責任圖解做「水平分析」，亦即，分析每一個活動／次活動的功能性角色。

● 如果沒有 R：工作沒人做，大家等著要批核、等著被諮詢、等著被告知、沒人把工作當成自己的，除了 A 外。

● 如果沒有 A：沒人總其成並負全責──雖然對少數某些支援單位仍可能適用。A 是有資格限制的，但只要資格相符，應儘量往更下階層選任 A，以適才適任、權責相符，並培育人才。

● 如果太多 C：真的需要這麼多「顧問」嗎？顧問諮詢也意味著時間流失、成本增加，確實值得嗎？

● 如果太多 I：真有這麼多人需要正式、定期告知？可否改為例外通知，或不必通知？應以實際的工作需求為基準訂定，不是因為他是「資深黨國元老」。

● 如果太多 A：只能有一個 A──雖然仍有少數例外。超過一個 A 時，常屬過度期或特殊例，需特別定義。

然後，我們再做一個垂直分析；亦即，針對各個人或部門的責任分配狀態做分析：

● 如果太多 R：這個人真能夠、也確需去執行這許多工

作嗎？這些活動可否進一步拆解或簡化，以更利管理？

● 如果是滿格：這人需要介入這麼多活動嗎？C 可否降為 I？I 可否取消？

● 如果沒 A 沒 R：如果這是一個直線而非幕僚職位，是否考慮廢除或增強這人／職位的功能？

● 如果太多 A：有適當授權嗎？這人是「以天下興亡為己任」？「能者多勞」，早死？確需日理萬機？有些 A 職可否退為 C 或 R，甚至 I 嗎？

● 資格符合度：參與的型態與程度符合這個人的個性與能力上的整體資格嗎？尤其是 A，一定有資格限制的。

希臘哲學家亞里斯多德（Aristotle）說：「沒有圖示，就沒有深思」（The soul never thinks without a picture.），一代思想家都要藉圖做思考，況乎我輩凡人。亞里斯多德還有個著名學生，名叫亞歷山大，就是後來建立了橫跨歐、亞、非超大版圖帝國的亞歷山大大帝。亞歷山大大帝對「直線責任」也有精闢見解，詳見本章第九節。

ARCI 所形成的「責任圖解」讓我們從各種角度思考，讓角色與責任乃至責任的分際更加精準，絕對有助於各項工作／活動的成功執行。

148

3.5 ARCI 應用例：當責在組織內的上下傳承

組織內最高管理階層	A®CI	例：A：CEO R：VP 或 VP/GM C：董事會、內外部顧問、委員會 I：Stakeholders（利害關係人）
次高管理階層	ⒶRCI	A：VP 或 VP/GM R：經理或其他專業人員 C：CEO，或內、外部資深者／顧問 I：部門內、外各階層適當人
其他管理階層		

表 3-7　當責者的傳承

　　在現代西方經營裡，一個組織的最高權力者，不論實質上或法律上都是 CEO（執行長），不管是董事長或總經理兼的，甚至有副總、副董兼的。誰兼 CEO，誰就是這個組織的最高權力者，對這個組織的興衰凌替負有最終責任。在台灣，比較複雜些，真正的領導人可能是董事長，也可能是總經理，所謂的 CEO 常是自封的；法律上的負責人就是董事長，事到臨頭不會理會一位自稱是 CEO 的總經理。

　　一個有當責的組織（accountable organization）的最高負

責人當然是 A，但他也不能獨斷獨行，他有 C，如董事會、委員會，或內部外部自聘他聘的顧問；他還有 I，要對 I 做經營績效與重大訊息的報告，這個 I 通常是不同程度的「利害關係人」。狹義的利害關係人，通常指員工、顧客、股東及社區居民，廣義的則更包括廣大群眾、政府、媒體，及各納稅人了。

CEO 的 R 就是他的政策執行者（doers），包括各個副總、事業部總經理，及各大專案負責人等，這些人是組織內的關鍵人物，他們不僅僅是「協助」CEO，更是要有獨立執行力、要交出成果、要 deliver! 要 get results! 的。所以，這些雖位階屬 R 的「關鍵人物」回到他們自己的組織中，就搖身一變，成為一個不折不扣的 A 了。他們在他們的轄區內擔起當責，同時承擔所有「天助我也、天亡我也」的事，不論是否天助、人助、或自助，總是要完成目標達成任務。在他們的團隊中，當然還各有其 R、C，與 I 正如上表 3-7 所示。

那麼，第二層的 R 回到他們更小的組織中是否又也成為 A，又有他們的 R、C，與 I 呢？如果如此這般，就沒完沒了——故，不盡然。再下去，常有一種所謂的跨功能／部門團隊（cross-functional teams）運作。跨部門團隊常常跨越部

門、跨越組織、跨越國界、也跨越層級、跨越了傳統管理。
ARCI 是跨部門團隊運用的重要工具，應用所及不惟無遠弗
屆，也常沒大沒小的；其中著例如，葛洛夫（Andy Grove）
在 Intel 當 CEO 的時期裡，他是技術專家，曾親自下來在一
個團隊裡當 R 做事，他報告給他的 A；此時，不是官大學問
大——在這個團隊裡他只是一個 R。出了團隊，他是執行長。

　　跨越組織的實例如：許多大公司的供應鏈團隊，不只包
括客戶，還包括供應商。跨越部門與層級，如此這般，又沒
大沒小，也就不易造成自我設限，上級壓下級，官大一級壓
死人與事的事件了。

3.6 ARCI 應用例：管理關鍵性營運重大案

　　彼得・杜拉克在 1963 年寫成了他至 2011 年仍在暢銷
的著名管理書《有效經營者》（Effective Executive），力倡有
效的經營者一定要建立正確的優先次序（priority）。他也提
出了訂定優先次序的幾個原則、執行方法、及當情況與事實
已改變時如何應變等。杜拉克念茲在茲，在他 2005 年辭世
前的最後一本著作中仍在提醒經營者，不是在追求充分的情
報或資訊分析，而是要有勇氣做出決定，也做出有優先次序

的決定。杜拉克又說：做出優先次序其實還是比較容易的，更難的是做出「排後次序」（posteriority）── 決定什麼不做、決定把別人的最優先排到組織的最後 ── 多大的勇氣！

好，如果你已經決定貴組織今年度六大重大營運專案，或所謂「重大案」（Critical Operating Tasks），是指這些大案如有閃失，則後果嚴重，年度目標可能就難以達成的。下表3-8 的 ARCI 應用可以在角色與責任的釐清上提升人員的執行力。

策略目標	年度大事	評量方式及里程碑	對年度總目標的影響	A	R	C	I	所需資源

表 3-8　年度重大案管理

應用的關鍵是在決定攸關年度總目標成敗的數個重大案（比方說，通常不會超過十個，不管你組織有多大），在「重大案」選出後，一定要選定「當責者」（即 A）。當責者負起全責，找出適當的 R、C，與 I，以推動專案。明訂各項數字數據、爭取所需資源、看好「負責者」、盡力照顧好白色空間。這個大案成敗的關鍵就在 A；A 不能責怪 R 的無

能敗事、不能責怪 C 的建議誤人誤事、不能責怪 I 在被通知後仍無聲無息。

如果，你是大老闆，看的是全公司大勢；則下表 3-9 責任圖解有助你一目瞭然大勢：

重要參與人員 重大案	1	2	3	4	5	6
一、	R		A		C	I
二、	A	R		C	I	C
三、	I		C	R	A	
四、	C		A/R	I	R	
五、	R	I	A	C		
六、		A		C	R	C

表 3-9　重大案責任的圖解全貌

在這些「重大案」管理中，如果有些「要員」覺得自己忙壞了，卻又沒有當 A，只有一堆 C 與 I，如表 3-9 中的要員 4。那麼，要員 4 可能是「位高權重責任輕，打球打到手抽筋」的傢伙。又如有數個 A 的，如要員 3，就太吃重了，他確實很辛苦，放出一些 A 吧？如果有要員總是很自然地不會被派定 A，如要員 5，那麼這個要員的「資格」可能需要

再審查或再培養、再加強了。橫向水平線也瞄一下，一個案子有兩個 A 嗎？會造成雙頭馬車、權責困擾嗎？或者確定要學學戴爾公司的 "two-in-a-box" 模式？要小心的可是，這種特例在國內、國外失敗的仍是偏多的，或只是暫時的。

3.7 ARCI 應用例：建立 ARCI 矩陣的責任圖解

建立 ARCI 責任圖解，基本上有七步驟可供參考：

1. 確認關鍵性商業流程、功能、決定、或活動，進一步分析這些流程與活動，視需要是否再細分成細項工作。此部分將成為 ARCI 矩陣之最左垂直欄目，計劃較大時可能綿延數張紙。

2. 確認需介入的人員、職位或部門，列成 ARCI 矩陣之上端水平欄目。

3. 建立中間區之角色與責任草圖。最先只是先與少數決策者進行，將 A、R、C、I 排入矩陣圖之中間部分，然後

4. 召集所有參與人員，召開 ARCI 會議。說明、溝通，並解決矩陣「草圖」中在流程／次流程、活動／次活動、人員／職位角色，及 ARCI 責任分配中的問題與

建議，達成共識。

5. 建檔業已成共識之 ARCI 矩陣責任圖。複本分送所有
參與者及支援介面單位，公告週知，確定沒人裝迷
糊。

6. 繼續在後續會議中溝通、強化 ARCI 責任圖解，及當
責的責任觀。

7. 繼續追蹤。確保 ARCI 關係的正常運作，鼓勵參與人
員遵守該有的角色。如有需要，則在過程中重審角色
與責任，重建責任圖解。

ARCI 在運作時，也有一些重要的行事準則，例如：

1. 記取這種以「當責」為主而形成的新哲學、新文化。
我們要：

· 儘量減少重複、官僚的：「核對者」核對「核對
者」（checkers checking checkers）——例如，一個
案子如有二十個人在簽核，誰該負全責？

· 儘量減少「多層式輾轉報告」（multiple
reporting）——你玩過報告經三、五人後，完全失真
的遊戲嗎？

· 鼓勵團隊合作。

· 不追求 100％的精確度。

2. 儘量將 A 與 R 派往可能的、最低的階層；讓上階者
   不虛攬工作，下階者權、責、利益相符。

3. 每一個活動只能有一個 A。

4. 權力必須與當責相隨，當責者要獲得充分授權。

5. 儘量減少 C 與 I 人員的數目。

6. 所有的角色與責任必須定案、歸檔、並完整溝通。

也許，你已經發現 ARCI 運作後，一定可以得到下列好
處：

1. 因為當責觀念確立，生產力（productivity）必然提
   升。

2. 因為減少重覆與不當工作，故產能提高。

3. 因為取消不需要的層級，而且將當責放在正當的層級
   上，故可簡化組織架構。

4. 參與人員都能加入角色、功能、與責任的討論，故形
   成更好的訓練效果。

5. 因為有溝通介面（即 C 與 I）的建立，故可建立更好
   的規劃流程。

6. 當責的有力責任觀，加上 ARCI 的有效責任圖解，必
   然從最基本人性面與制度面提升執行力（execution）
   與領導力。

3.8 ARCI 應用例：承擔當責者有資格標準

參閱圖 2-5 的 ARCI 運作模式中，左邊是 A 與 R 的互動方式與責任分際，中間是一個溝通介面，與右邊支援系統的 C 與 I 達成互動；右邊支援系統的互動方式：一個是雙向的（C），另一個是單向的（I）。

左邊的圖形有點像豬頭，像豬頭是有意的、是有典故的。前面第二章中曾談到：不論 A 或 R，負責任都是必須有承諾（commitment）的。A 不只是對自己，還要對別人（如顧客、老闆、同事等）有承諾。這個「承諾」與「介入」（involvement）有何分別？例如，有人說：「這個案子，我有介入」與「這個案子，我下了承諾」，兩者有何分別？我們常舉用西式早餐中「火腿蛋」的故事：對給出火腿而言，豬是下了承諾（commitment）；對給出雞蛋來說，雞只是介入（involvement）。

有了承諾，就會有當責；有了當責，才會有成果。沒有當責，卻有了成果，那只是運氣——職場老將，如是說。然乎？否乎？我們將在第十章中，講清楚、說明白。

「阿喜法則」中的 A，有人不想當、不敢當；但，也不是阿狗、阿貓都能當的。底下分享四則在顧問工作中的小故事：

157

3.8.1「你就當那個豬頭吧！」

有位老闆開完研討會後，很有心得；回公司後，派任一宗專案時，對一位「當責者」（A）說：「你就當那個『豬頭』吧！」他說，差點引發誤會，其實那是一種恭維，因那人已具備資格，足以承擔此重任了。

當 A 確是要有資格限制的，不是想當就當，也不宜想推就推。想當 A 至少需對下列四項要素要很有概念的：如組織的運作與企業文化、專業領域中的專業能力、管理的基本及更高知識（當然含當責），與管理中的軟性因素如 EQ、特質（當責常屬其一）等。四種因素加總後，例如，必須能達到 80 分，你才具備資格做「豬頭」、做 A（當責者）。

如果在組織內，找不到 80 分的；你很自然就去找 85 分，或往更上層樓找 90 分的——然後就大材小用，或虛浮兼職，或因「能者多勞」而硬邀「能者」再加一份可能讓他滅頂過勞的工作。

那麼，你能反其道，找 75 分的嗎？

當然可以。ARCI 運用的原則也比較希望你找 75 分的；75 分的會闖禍嗎？可能；但有 C 在運作，闖禍機會少些。

別忘了，闖禍也是成長的要素之一，「容錯」是一個培養領導人必備的環境，也是讓創新成功必備的環境吧。

那麼，70 分的，也可以嗎？也許吧，咬咬牙或咬緊子彈（bite the bullet）。

那麼，65 分的，可以嗎？絕對不可以；他肯定還不夠資格當「豬頭」。許多專案執行不佳、交不出成果，就是因為有許多主管不夠 A 硬充 A，該是 A 卻非 A；在 A、R、C、I 中打迷糊仗，似是而非、欲迎還拒，還很無辜地搞垮了大小案子。別讓部屬們停在 65 分，快培養人才。

3.8.2「我只是個 coordinator（協調者）！」

我曾輔導一位開發新產品的專案經理，發現角色與責任上有很大的斷點（disconnect），他說：「我其實只是一個 coordinator」，我說：「不然，老闆說你可是負責新產品成敗的當責者。」

所謂的「協調者」應是一位在 A、R、C、I 四角色間，或幾個 R 之間穿梭游走、折衝溝通，或隨時下海支援、隨時另有任用的人物；基本上是不必太負責任的，折衝有了結果上稟老闆即可。論功時肯定有賞，論過時肯定可閃——因為，該說的都說了、該聯絡的都聯絡了，「我已經盡力

159

了」，他們交出報告比交出成果還重要。

我們進一步來看看下面「你以為，別人以為」的分析，還很有趣的：

●「你以為自己是 R，別人以為你是 A」

後果：你下海猛幹，執行各種方案；但，別人以為你是最終責任者，因此給你很少細節、很少原始資訊；他們期盼你在決策過程的後段才介入。

●「你以為自己是 A，別人以為你是 R」

後果：你一直在等待研究分析後的可行方案，準備做決策後整體行動，別人則正等你啟動那個主要部分的工作，所以大家按兵未動，相互觀望。

●「你以為自己是 C，別人以為你是 I」

後果：你希望有機會在決策之前，提供實質實效的意見；別人卻以為你只需在事後告知即可。於是，你有許多問題每天出現：「為什麼沒先會我？沒人問我？」

●「你以為自己是 I，別人以為你是 C」

後果：你不想介入決策過程，只想知道最後決定，別人老拉著你要意見、等待你的反應；於是「李大老怎麼說？張老大說什麼？」無端讓困擾滋生。

這些「你以為，別人以為」的戲碼，每天都在侵蝕許多組織的領導力與執行力！ARCI正是要幫你解決這些R&R的問題。

天下仍然是沒有白吃的午餐。如果你是一位產品經理，你認清了當責真義、願承擔當責責任，以ARCI釐清角色與責任。那麼恭喜你！大專案成功後，你這位PM未來可能成為事業部總經理，或世界性品牌經理，乃至公司總經理。

但，你如果覺得承擔「當責」太沈重，也不想打迷糊仗，你可以縮減責任而更專注於特定專題如：消費端議題、通路端問題，或工程與技術上課題，或者成為如下圖3-1所示的team leader——或者說，比一般R大些責任的「大R」吧。問題是，這是過渡期。總有一天，你一定要承擔起當仁不讓般的當責。在未來，你無可退縮；現在，就及早準備吧。

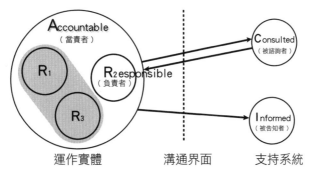

圖 3-1　非負全責的過渡期領導者

你不宜站在一個自以為「進可攻，退可守」的位置以模糊責任、爭功諉過、從中謀利，正如柯林斯在他的名著《從A到A+》中所說的「窗子」與「鏡子」——當逆境時，看窗子，找代罪羔羊；當順境時，看鏡子，沾沾自喜。郭台銘說，他不用有許多退路的人；誠哉斯言，有很多退路的人通常是沒有前途的人。

　　時也，勢也，當責不讓。

3.8.3「他是我公司這領域最資深的人」

　　我曾經跟一位老闆說過，他有一個重要專案很難成功；或者說，可以做得更好。因為，專案經理顯然不適任。老闆說：「這個產品專案很重要，所以專案經理是我公司裡最瞭解產品、最瞭解市場、最瞭解客戶的資深經理。」

　　包熙迪與夏藍在他們的《執行力》書中暢言，企業界的通病是：把錯誤的人放去執行公司策略中的一個關鍵部分。

　　當你發現公司內一些饒有能力與經驗的資深人員已日理萬機、疲於奔命；或功勞等身、不屑再加一筆；或經驗至上、不想再學新玩意；或年華老去、精力不再、熱情也不再時，你就該明白傳承的時候到了；或者，已過去了、已太慢了、該急起直追，避免青黃不接了。

　　承擔當責，除了對當責意義的真正瞭解外，要有承諾、要有熱忱——文學家愛默生（R. W. Emerson）說：「自古以來，沒有熱情就不可能成就偉大。」（Nothing great was ever achieved without enthusiasm.）

　　ARCI 可以幫助你解決這個困境：你為什麼不讓這位學驗俱豐但熱情已褪的老將當 C？讓那個衝勁十足、渴望成功卻只有 75 分的老王當 A？

　　下文概述 A、R、C、I 的幾種人格特質，或適任資格：

　　A（當責者）：充滿熱情、積極進取，有執行力、有領
　　　　　　　　　導力⋯⋯

　　R（工作者）：專業專注、技術本位，充滿活力與工作
　　　　　　　　　意願⋯⋯

　　C（諮詢者）：學驗俱豐、德高望重、有影響力、有說
　　　　　　　　　服力⋯⋯

　　I（告知者）：承接後續性工作強，有支援力、服務
　　　　　　　　　力⋯⋯

　　在組織中，儘量把 A 與 R 的階層往下推，推到資格將出現問題前為止，才是個上策、良策，可惜總非許多組織的決策。如果你還是偏愛老將，不讓老將退為 C；你會失掉許

多小兵立大功的良機、失掉許多培養領導人才的良機、還可能貽誤專案的執行力！

3.8.4「別讓猴子跳回自己背上」

記得有次在台北聆聽台積電張忠謀董事長演講，他提到有次他在一個專案上與專案經理（是位副總）有很大的不同見解，於是他與專案經理詳談；談完後，他要該副總回去自己做決定，如何往下進行？張董事長認為這樣做是正確的。

以 ARCI 的原則來看，該專案經理是個不折不扣、當責在身的 A，張董事長正是 C，也正好是頂頭上司；但，C 就是 C，他不會忍不住，或急壞了，跳出來幫 A 做決定。如果，你冒然行使大老闆否決權，替 A 做了決定。那麼，猴子（比喻責任、義務）又會跳回你自己背上了。

如果老闆權責不清，屬下也權責不清再加上意志不堅，那麼在一陣迷糊爛仗後，當責者又掉入受害者循環之中。於是，無奈問老闆：「你乾脆告訴我怎麼做好了」，然後：「我只是在執行老闆的決定」──這是「受害者循環」中第四種典型。

當責的基本觀念可以用來明辨常被混淆的「授權」（delegation）與「賦權」（empowerment）──「賦權」是許

士軍教授的中文譯名。

* 「授權」是分身分勞：

→工作屬下去做，責任上司承擔。

→被授權者揣摩上意，依規或依約行事；常缺獨立思考與判斷，有時甚至出現更強烈的依從性。

→上司仍是 A，被授權的屬下仍是 R，頂多是「大R」。

* 「賦權」是全權處理：

→工作屬下去做，責任請一併承擔。

→被賦權者需有充分能力、充分資訊、與充分訓練；屬下被要求成長，有決策權力，要達成目標、交出成果！

→上司已然是 C，被賦權者才是 A。

所以，正式賦權後，上司就成了張忠謀董事長口中的「駕艇巡弋者」，看著一群 A（有 90 分、80 分、75 分、乃至 70 分——但，沒 65 分的）在游泳。泳技稍差者喝了些水，吃了些苦，但不會淹死的，上司不會跳下水幫他游、抬他游、拉他游，雖然老闆可能還真的很想跳下水幫忙。

在正常的組織運作中，老闆在正式賦權之後，如果仍想

165

改變當責者（Ａ）的意向與決定時，最好的手段有三招，是彼得・杜拉克的：「影響力，影響力，影響力」，已如前述。但，華人組織中很少用此招術，因為直接下命令快多了，然後Ｃ重新回鍋演Ａ，或演不Ａ不Ｃ的迷糊老戲。總之，大有為的老闆背上滿是猴子，出差到了美國，滿電腦都是 emails，等著他做出大、小決定。有些老闆雖因此忙壞了，卻也甘之如飴，心想著：「公司沒有我，怎麼辦？」

美國總統中，賦權最成功的當屬雷根——雖然後來在「伊朗門」案有了瑕疵，但瑕不掩瑜；美國《財星雜誌》曾把他列為企業經營管理的典範，也成為密西根大學教授提區（Noel Tichy）——也是 GE 前 CEO 威爾許的教練兼顧問，口中的決策／授權領導典範。雷根總統在他 1987 年的國情咨文中，曾引述老子《道德經》第六十章的話：「治大國，若烹小鮮。」

文意是說，治理國家就像煎小魚，小魚下鍋後，不能時而擔心太熟、時而擔心不透，經常左翻右翻、上翻下翻，或時而猛火、時而溫火；如此這般，小魚一定烹成一片糊塗——那時候可沒有現代的不沾鍋。所以，治理國家（與公司）也一樣，賦權完畢就不要兀自杵在那裡指指點點，對Ａ要有點信心、耐心、與愛心吧。下面一句也是雷根的話：

"Delegate and get out of the way of talented people."——授權後，就不要在這些人才面前擋路了。如果字斟句酌、挑剔些的話，這句話中的 delegate 指的當是 empower 了。

《一分鐘經理人》叢書作者布蘭查曾說過一則小故事：一位老闆工作量超大，週末加班埋首疾書，卻瞥見窗外部屬背著球袋要去打高爾夫球。看看哪位部屬的呈案又正好在自己手裡，問的正是案子怎麼進行？他終於悟透：不要再裝聰明強出頭、不要輕易代部屬背猴——背上猴子背得太多，人都不像人了，何況還得像個老闆！

熟用 ARCI，去打自己的高爾夫球吧！

3.9 ARCI 應用例：直線責任對幕僚責任

「直線責任」（line responsibility）是相對於「幕僚責任」（staff responsibility）的說法與用法，原是用在軍事上。據說，是由亞歷山大大帝第一個定義的。亞歷山大大帝認為，作戰官正是典型的直線長官（line officer），他負責完成軍事目標，有指揮權，可獲幕僚官的建言與服務，也能自由接受或拒絕幕僚官的諮詢與建議。

在企業界，「直線責任者」通常是指直接介入生產該組

167

織之產品或服務者。他們身處組織各階層，在各階層、各階段做成決策，也為最後成果負起當責。這些人如：研發人員、生產人員、業務人員等；幕僚人員則指不直接介入者，他們提供建議、諮詢、支援或服務，以協助直線責任者達成目標，他們如：品保人員、人資人員、資管人員等等。

在 ARCI 模式中，C 與 I 是典型的支援系統，是在幕僚線上。所以，當責者的 A 是「直線責任者」，負責完成部門或專案目標。有指揮權，但沒軍事上那麼強悍、強烈，可獲支援系統的建言與服務，也能自由接受或拒絕幕僚的諮詢與建議，卻沒有軍事上那麼毅然決然。

相同的是，A 不可能因 C 的建議不良導致失敗，而有所怪罪。畢竟，從「建議」、「決定」到「交出成果」之間，還有段漫漫長路，還有個「執行力」的關鍵因子；而這個「執行力」的關鍵因子，正是掌握在具有直線責任的 A 與 R 身上，如第五例所述。

下述研究結論，也有很大的惕勵：

「建議」不必然連上「最後成果」；事實上，連「決定」都不必然連上「最後成果」，連大老闆們的重大決策，都未必真如學校教的、報章報的那般驚天動地影響未來。柯林斯（Jim Collins）從《基業長青》到《從 A 到 A+》的長期研究

中，對決策實務有了深刻而精闢的見解。2006 年 6 月，他在美國《財星雜誌》七十五周年慶專訪中，分享了他在廣泛而嚴謹的訪查與研究後所發掘的決策「秘密」。他說：「最後的總結果，事實上是得自一段時間內，一連串大大小小的決策，及其後的良好執行力；而不管多大的決策，都只在總成果中佔有一小份量而已。」（No decision no matter how big, is any more than a small fraction of the total outcome.）這一小部分又有多大多小？柯林斯也有進一步的「定量」描述，他說：「以對總結果的影響而言，一個大決策不會像在 100 總分中占去 60 分，而是更像是占有 6 分而已；於是，其他許許多多的 0.6 分或 0.006 分一齊加總後，終於形成總成果。」

威爾許說：「Condor（坦誠直率），是商業中最大的骯髒小秘密。」那麼，柯林斯這個 6/100 的數字及其背後意義，也是公司決策作業中一個很大的骯髒小秘密了。畢竟，現代的決策世界已經不像蘋果下落，可利用萬有引力推算：時間、速度、軌跡與落點，而是更像樹葉飄然而下，各方作用力齊集，下落成了一個不斷演化的過程——只是我們還是奮力在規劃落點罷了。

在決策上，你可以犯錯嗎？柯林斯也有個有趣數字，他

說：「在真正的大決策上，你可以犯錯。有時甚至大錯，但仍然可以勝出（prevail）」，「五中對四就行了！」他說，他本來不知道這種事實的，現在他知道了，可鬆了一口大氣。

所以說，交不出成果，不要怪罪別人的建議、不需依靠偉大的決策；是要靠「一連串大大小小的決策，及其後的良好執行力」。好吧，不亂怪罪，不靠大牌；但這一連串大大小小的事與人如何串起來？

組織最高階層中的 R 在受權受責後，回到自己部門裡即成為一個名正言順的 A。這些在全組織中各階層，各階段中串聯起來的當責者 A，正構成了企業組織中清清楚楚的「直線責任者」。這條直線要能確實負起當責，才能發揮綿綿密密的執行力，然後如軍隊般，戰無不摧地攻城掠地。

這些「直線責任者」從小小組長、專案經理、部門主管，連到最頂層時，就是所謂的「最高執行長」或「首席執行官」。英文稱 CEO（Chief Executive Officer），名稱中的 Officer 本來就是軍隊慣用的官名，是有霸道的成分。Executive 源自 Execute，是執行也是處決。所以有洋公司大老闆開會後半戲言曰：To execute or be executed.，就是去執行並交出成果，否則依法處決。非戲言的是，商場如戰場，CEO 的責任、壓力與權威不言可喻。在國內，由於對「執

行」與「執行力」的誤解，或不求甚解，「執行長」常被誤用為「去行動的」、「去執行我的決策的」或「營運長」，而不是整個公司的「大 A」——一連串長長的大大小小的 A 連成一直線後，成為最大、最高的 A！

3.10 ARCI 應用例：ARCI 的運作環境

適當的管理環境是有利於當責觀念與 ARCI 法則的成功運作、進而盛開結果的。本例中要談到幾處應有的 ARCI 運作環境。

首先是，很多管理文獻與管理經驗有共通點，那就是：「當責任被派下，權柄被授出，當責就是必然的事。」（Accountability is necessary when responsibility is assigned and authority is delegated.）。這裡講的權柄（authority）簡言之，就是做出決定、下令行動的權利（right）與權力（power），所以這句話常又被簡略成下面公式：

Accountability=Responsibility+Authority

故，「當責」與「權柄」相伴而生，殆無疑義。你不能光要求當責而不授出權柄。詳論之，權柄是權力的一種，或稱 position power，是在職位上依規、依法應有的權力。權

171

柄是決策權與行動權如上述,例如:否決某人入隊、要求某人出隊、派遣某人某項工作、評核成員績效、具可用資源、擁有決策範圍等。「權力」的來源則是:「權柄」是其一,再加上如:專業能力、影響力、特別關係(如皇親國戚)、威迫利誘等等,好的、壞的都有。雖然「授權」,是偏向授出「權柄」,其實真正能成事的是「權力」——而「權力」中的「專業能力」與「影響力」又更具關鍵。

香港中文大學出版的《管理與承擔》一書中,有個有趣的例子:你有「權柄」開除部屬,但無「權力」執行之,因為那位部屬是大老闆的小舅子。另一面,工會領袖「權柄」有限,卻也「權力」無窮,他可以發動大批工人走上街頭、進行大罷工。所以,你是做事的?還是當官的?拚命追求或耐心等待「權柄」的?還是也努力培養「權力」的?

ARCI 的基本運作環境是:授予「權柄」、要求「全責」、個人也要培養「實力」,底下要從四個角度來分析這個運作環境:

3.10.1 權柄與責任是怎樣協商的?

克萊恩博士在《當責領導力》書中,擷取傑可(E. Jaques)原著精華,提出他認為是「如水晶般透澈」的權責

協商法，稱為QQT/R，詳細如下所述：

Q：Quantity —交出什麼數量？

Q：Quality —交出什麼品質？

T：Timeframe —在什麼時間架構下？

R：Resources —應該得到什麼資源與支援？

QQT是老闆要的，R是部屬要的。雙方經過協商——當責本來就是一種協商的雙向關係，協商後達成協議：在什麼時限（T）下，你必須交出什麼品質（Q）的產品或服務，達到什麼數量標準（Q）；在此同時，上司也需承諾給你多少資源（R），這裡的資源包含如：人、錢，與權柄等等。這個合約達成後，你就承接了擁有權，許下承諾去完成目標了。

華人企業經營中是比較少協商，部屬也少要求資源；部屬常在不明所以或虛心受教下屈打成招，對資源的運用沒概念或比較弱，常是見招拆招，逆來順受，「老闆應知我心」，「有多少資源，做多少事」。如果老闆作風強勢，獨掌資源，那麼這種當責合約的力量與效果就又下降很多，也成了當責運作的一項障礙。資源常常也不是配下來的，是爭取來的。為了要交出成果，你必須爭取資源，而非日後怪罪資

源不足——「每個人都知道我缺資源，能做到這樣已不錯了，雖敗猶榮！」是很消極也是受害者心態。

德國管理學者史賓格（R. K. Sprenger）在他的著作《個體的崛起》中，也強調：在德國，會協商乃至爭辯、爭取的部屬，是認真的、是負責的、是瞭解實際狀況的、是有心要達成所訂目標的、是有當責意識的——這部分倒是老闆們也要加強思考的。

所以，在老闆與部屬之間，在 QQT 與 R 之間，應有協商以建立責任的基礎環境，這種協商常要來回好幾次。

3.10.2 資源不足怎麼辦？

號稱是英國彼得・杜拉克的領導學家阿代爾（John Adair），有一次被蒙哥馬利元帥問到：「什麼是策略的第一守則？」阿代爾反問：「你認為第一守則是什麼？」蒙哥馬利就直言了：「負責發號施令的人一定要確定：策略所需的資源，要能確實取得、並且能控制。」可見在沙場老將眼中，資源對一場大戰的勝負有多大的決定力！

中國古時軍事專家說：「大軍未發，糧秣先行。」現代企業家郭台銘也說過：「經營管理的工作就是取得資源、運用資源、分配資源；經營管什麼！就是管資源。」

在前述 QQT/R 的協商中，如果你的專業能力與管理能力都已足夠，那麼完成 QQT 應無問題了。但，你還要爭取資源（R），資源除了人與錢外，還包括組織的各項有利軟體、硬體……乃至上級支援與支持。很可惜，上司通常很難給足資源，於是在 QQT 三項上就必須做出改變，甚至妥協，才能達成協定。

但，如果在極力爭取後，資源仍有所不足，怎麼辦？

方法之一是：各顯神通，思考如何與人共用、借用或交換資源，以更積極、更健康的態度去面對它，也還是完成任務、交出成果。

哈佛教授塞蒙思（R. Simons）在他 2005 年的著作《組織設計的槓桿原理》中有段精彩論述：如果你「所負的當責」（span of accountability）已大過了你「所獲授權及可支配資源」（span of control），你還是能面對它也完成了任務，那麼，你是「創業家」。這當責與授權／資源，兩者之間的差距，又稱為「創業家差距」（entrepreneurial gap）。主其事的經理人成了創業人——內部創業人，或至少是具有創業家精神的經理人，在現代企業經營中已屢見不鮮，甚至已漸成趨勢了。不過，塞蒙思教授也提醒：這種「創業家差距」如果太大，可能造成功能失調，滋生挫折感與失敗恐懼症。經理

人的人格特質是一個很重要的考慮因素，塞蒙思教授也建議經理人要提升「影響力幅度」（span of influence）以與別人或別部門互動並影響，也跨部門／層級吸取資訊，發揮影響力。

所以，如果你能順利取得所需資源，太幸福了，你就勇敢承擔當責，打好一場戰吧；如果，你無法取得足夠資源，那也不是世界末日，與人共用、借用或交換資源；發揮智力、影響力，與創業家精神，仍然可能打贏一場戰。

寶鹼（P&G）公司一位 CEO 說的：

「強人的評量方式是他們的影響圈（circle of influence）大於他們的控制圈（circle of control）。」

美國領導學大師麥斯威爾（John C. Maxwell）說：

「領導力的真正評量方式是：影響力——不再加多一項、不再減少一項。」

3.10.3 績效考核為什麼是必須的？

當責與績效、成果總是不分離，所以加強與提升當責最有效的方式確是成果要評估、確認、也需要報告。

哈特曼（A. Hartman）在《鐵腕執行長》（Ruthless

Execution）中也提出：

> 「要加強與提升當責最有效的方式就是：設立一套最可
> 行的系統，以評量成果。」

　　要推動績效考核其實也蠻難、蠻煩的。成了就成了，還
評估什麼？敗了就敗了，再評也是枉然！他是我創業／革命
夥伴，怎麼評？乃至於「根本沒時間」。但，如果要確實推
動績效考核，底下有五項建議：

- 進行有定時、有正式形式，且雙方都已預做準備的績
  效評估。依規定，時間到了，兩造就必須關室密談兩
  小時。管他是宿仇、蜜友或革命夥伴，或舊日老闆，
  一切依照公司流程走，輕鬆愉快。
- 也及時評估一時的成功點與短缺處。
- 有經常性溝通。經常提出非正式的回饋
  （feedback），不要等待期末「驚奇」（surprise）。
- 也事先提「前饋」（feedforward）及建議。
- 在評估的流程中，隨後需加上包括學習、成長、發展
  的規劃。

3.11. ARCI 應用例：什麼時候用 ARCI ？

用 ARCI，大抵有如下幾點考慮：

1. 用於較重大、較複雜、權責易混淆的計劃；故，不應凡事都 ARCI。

2. 用於計劃一剛開始的規劃階段、隨後的溝通階段、及進入執行與最後的績效評估等各階段中。

3. 雖然開始時未用，但在執行階段中衝突頻生時。ARCI 的及時介入，仍有助於撥亂反正、正本清源。

4. 有成員已預見未來將有角色與責任的衝突，則宜事先籌謀、預做澄清，制潛敵於機先。

5. 團隊成員對當責的觀念及 ARCI 模式有充分認識，並有充分前置時間；否則，不宜半調子投入，照本宣科、徒具形式，徒生更多弊端。

回顧與前瞻：

授權不是藝術，是一套方法論，是一個流程，一個模式；ARCI 就是最清楚的模式。

但在 ARCI 中，A 與 R，A 與 C 的互動仍存在著「藝術」，這些藝術在這個架構上公開而互信的討論與執行後，

178

會越來越有成效。在企業經營實務上，從授權（delegation）
到賦權（empowerment）仍是漫漫長路。但新世代的興起與
新世界的險峻，應該可以加速在這個方向上的腳步。

我常在許多 Workshops 中，問我的大小客戶們有關
ARCI 的問題，例如：

─在 ARCI 中，最大的官常在那裡？通常是大聲回應
的：C！

─在 ARCI 中，真正在做決定的會是誰？通常是大聲回
應的：A！

─在 ARCI 中，對這個案子瞭解最多的通常是誰？通常
也是大聲的回應：A！

A，你準備好了嗎？C，你什麼時候放手？

以前沒走過的路，並不表示未來不能走；以前走過的
路，未來反而常是不能走的──除非你老是走老路。

2

開展一個層層
躍升的應用領域

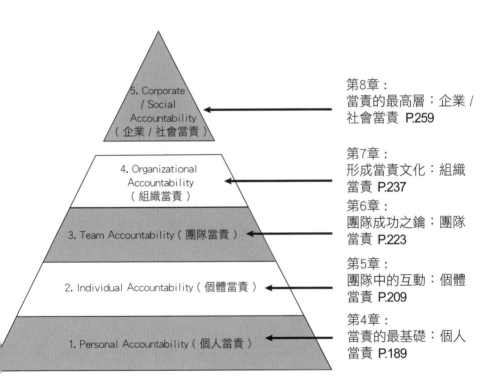

5. Corporate / Social Accountability（企業 / 社會當責）

第8章：
當責的最高層：企業 /
社會當責 P.259

4. Organizational Accountability（組織當責）

第7章：
形成當責文化：組織
當責 P.237

3. Team Accountability（團隊當責）

第6章：
團隊成功之鑰：團隊
當責 P.223

2. Individual Accountability（個體當責）

第5章：
團隊中的互動：個體
當責 P.209

1. Personal Accountability（個人當責）

第4章：
當責的最基礎：個人
當責 P.189

「當責」的五個應用層級

從藝高膽大的「獨立工作」（Independence）到效能相乘的「互信互賴」
（Interdependence）。

在第一篇「迎接一個翻然來臨的當責時代」中，我們瞭解了當責的字源原義、延伸意義、及現代應用；也由三種運作模式中知道如何避凶趨吉——如何避免陷落「受害者循環」，活出當責不讓的成功事業與人生。除了個人運用外，當責也化為 ARCI 工具，在團隊中釐清角色與責任、帶領團隊交出集體成果。當責時代已隱然成勢，如山雨欲來。

本篇中要解構、分析當責大局；所以，再把當責細分成五個層級，如下圖所示：

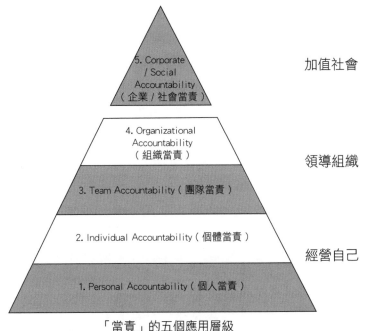

「當責」的五個應用層級
（本圖架構參考並改進自：美國GPRA 資料）

雖然有五個層級之分，但當責的基本定義——由懲罰性轉為鼓舞性，由消極變成積極；當責的含義——相互關係、要求成果、要求報告、建立互信、承擔後果；及當責的目的——避開受害者循環、迎向績效與成果，在各層級應用中都始終維持不變的。五個層級中，又以個人當責（Personal Accountability）最為重要，它佔據了推動當責運作的核心地位，也是各層級當責的最底層基礎。

　　個人當責實踐後，可以鼓舞個體當責；個體當責隨後可以鼓舞團隊當責，團隊當責然後鼓舞組織當責。所以說，前一級的啟動可以支援後一級的續動。但，如果沒有對當責本身具有深切的認識，及對個人當責的切身實踐，其上各層次當責的建立也是很難成功。

　　至於企業／社會當責的建立，則不只需要其下各層級當責的建立，更有賴於利害關係人的介入。利害關係人將協助建立公司績效的期望與標準，並監視企業是否達成。企業如未能達成期望，利害關係人會從外部要求，甚至迫使企業成就企業／社會當責。現在，社會上有關的利益團體已然介入，所以，在上頁圖中，這一層級與其下各層級是分離的，因為其下各層級都是自我抉擇、自動自發，沒有外力壓迫的。但是，個人當責仍然也是企業／社會當責的基礎。

在實際效用上，在五個層級中，我們也看到了一個領導人的不斷提升：由「經營自己」，而「領導團隊」，而「領導企業或機構」，終而「加值、造福社會」。

當責是一種相互關係，甚而是一種期約。個人當責是最簡單的一種形式，它是一種與自己的相互關係與期約。在這種關係下，個人期望自己達成個人成果。為了更確定能達成成果，他會往外看，時常想：我能多做一些什麼事來幫助嗎？正如西洋名言：我還能多加一盎司嗎？（one more ounce）他也會往內心審視而自省，一如中國名言：「行有不得者，皆反求諸己。」他不會一味地指責外界難以控制的因素。

個體當責（Individual Accountability）指的是，在一個工作組合中，個體間的相互當責關係。它是各個成員之間的相互關係，也涵蓋管理者與各成員間的關係。工作責任與權限固有不同，但相互間仍是互守著當責。焦點常是「報告」，這工作組合中的個體要回應報告他的工作進度與成果；或者，更重要地，要報告他並沒有達成的成果。具有個體當責的個人會說：這是我計劃進行的部分、這些是我已完成的部分、這些是我計劃將加強或改良的部分等。

大部分的組織績效是靠團體（groups）或團隊（teams）

完成的，團隊或團體都是由個體或個人所組成的；團隊當責就是要成員對各種環境狀況與績效成果共享擁有感、共享責任感，建立一個「互信互賴」（interdependent）的關係。此時，團體或團隊要提出說明或報告成果，不是個人；一如在運動場上，我們說是哪個球隊贏了，不是說哪個明星球員贏了，或者，那個衰運球員輸了。為了更有效地運作團隊當責，前面第三章中曾提出了 ARCI 模式的十一個應用。在ARCI 模式這個團隊技術中，事實上我們還需要更進一步地運用個人當責、個體當責，與團隊當責以更確定能達成團隊目標──get collective results ！

組織當責（Organizational Accountability）是要回應與報告整個組織「真正」達成的成果。說「真正」，是因為要跟原計劃做比較。組織當責所要建立的關係是在管理階層與營運團隊及個體、個人間上下前後左右的當責關係；所以，組織當責要討論的是當責的領導力與當責文化的塑造。有了組織當責，建立了當責環境，當然就更合適團隊當責、個體當責，與個人當責的運作與滋長了。

至於企業／社會當責，則常已涉入組織之外的活動了。企業／社會當責是要對利害關係人（從狹義的到廣義的）回

應、與報告整個企業達成的績效，乃至企業的行為標準，及運作規範。再上一層說，狹義的利害關係人遲早會再擴大成廣義的利害關係人，包含了顧客、股東、社區、供應商、納稅人，及普羅大眾等。有些關係人是不介入企業的日常營運，或企業內部各種當責的建立的；反而是，會對企業所欲達成的最後成果提出建議，然後讓企業自己去完成它，社會則在一旁監視。所以，企業／社會當責建立了組織／企業與廣大社會之間的關係，其中的當責仍應是企業主動的；但，當企業實在太被動，那麼「社會」會反客為主。例如，「社會當責 8000」（Social Accountability 8000，或簡稱 SA8000）的制定與遵循；又如耐吉「勞工事件」中的社會反制，都是企業／社會當責被動地推動的反思。

第 **4** 章

當責的最基礎：
個人當責
(Personal Accountablity)

如何化觀念為行動，實踐個人當責？彼得‧杜拉克在
1960 年代提出的「問人也自問」著名原則，延伸到現代成
為「問題後的問題」（QBQ），都讓個人當責有了更實用的
施力點。

ACCOUNTABILITY

我曾經在美國加州一處高爾夫球場，一個彎曲狹窄球道的開球台上，看到一個標示：「你，高爾夫球手，要為你自己所擊出的高爾夫球負起當責。」初看之下似無問題，繼而一想，可能有些人會有意見了：高爾夫球手苦心孤詣、千方百計總想擊出好球，可是球藝難精、總有失手，再加上風勢變化莫測、視野又不佳（球道太有挑戰了，或根本是設計不良），兩球道間也太接近了，別的球道球友本身也不夠注意；最後，再加上運氣不佳。於是，球終於打到人了——你認為球手該負有全責？或者，還有其他人多少應分擔一些責任吧？

球場規則，你現在有了意見。那麼，職場上呢？

你同意或不同意下列陳述？

1. 我對我自己在職場上的成功與否，負有完全責任。

2. 不管我的工作環境如何，我總是要有很高的生產力。

3. 縱使外在條件不公，我對工作成果仍然負有當責。

4. 不需等待被通知，我會經常主動加入訓練課程，以提升我的技術與競爭力。

5. 當碰上很需要教練性或輔導性工作時，我總是能展現很強的人際關係技巧。

6. 不論是否會影響到我的個人人際關係，我都會要求我

的隊員守住承諾。

7. 為了達成團隊成功，我願意檢討我自己的個人當責。

幾項同意？幾項不同意？想得越多，不同意的越多？

美國矽谷的創投家林富元曾說：成為傑出領導人的要項之一是，爭取與接受超出你責任範圍以上及以外的工作。林富元與陳五福是橡子園創投公司的共同創立人，閱人無數，經驗豐富；他鼓勵企業人主動地爭取，或至少被動地接受更高一層的工作與責任，以邁向成功。

「個人當責」與這個論點異曲同工，下圖 4-1 是我對個人當責的圖示。

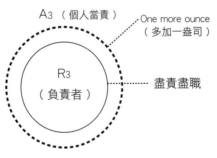

圖 4-1　個人當責圖示

以責任邊界來說，內圈的實圓是個人（如 R_3）正常的責任圈。往外、往上再推出一層責任，即進入「個人當責」的領域了。以責任範圍來說，這個人是負責（Responsible）

整個中心圓內地區（R₃），但這個人的當責（Accountable）則是向外又擴充了一些原來不是在他責任範圍內的工作（A₃）；他多加了少少一盎司。

這個人為什麼會多加了少少一盎司？為什麼要承擔當責？我們得先談談個人當責的特質。

4.1 個人當責的特質

個人特質是指一個人的特性（characteristics）、品質（qualities）、或特定行為（behaviors）。個人特質是領導力很重要的關鍵要素，但很難「教」。一般認為，學校或 MBA 課程應至少「教」一部分至某一程度，另外一部分則需組織或機構來「培育」。因為培育需要有一個實際管理或領導的舞台；所以，一個人的領導特質通常是在職涯的後期才修成正果。「專業技能」再加上「人格特質」已經越來越受重視，需求也越來越迫切；因為專業技能發展到一個程度後，就是人格特質決勝負了。

「個人當責」是一種很重要的領導特質。有個人當責者，會有下列特性、品質、行為，現在與未來的領導人亟需確認、培育、強化、與建立。

4.1.1 有個人當責者，有強烈的成果感

為了達成任務、交出成果，當責者會：

* 瞭然責任範圍，對於份內事，當然全力以赴。

* 對於非份內事，但足以影響其成果者，當然也會去做；縱使非屬本部門事，也會想辦法擴大自己的影響圈。

* 隨時想改進績效，所以歡迎別人回饋（feedback）；有難時，會即時呼叫（yell）請求別人幫忙，加強努力。

* 對於無法控制的因素，定義清楚後就不再抱怨；寧願多備妥那些可控制的，藉資彌補。

* 總是多做一些、多問一些、多改一些，總是為成果。

* 在生活上，甚至也志向清楚；做了原本不必做的事，造就了自己，也提醒了周遭的人。

* 知道要訂目標在 110 分，才更有可能達成 100 分；知道準時參加會議的，都是早些就到的人。

4.1.2 有個人當責者，有強烈的信任感

為了達成任務、交出成果，當責者會：

* 喜歡瞭解全案，不會滿足於「上級交辦」；他們查清楚來龍去脈、前因後果，就如建造房子，除了要一磚

一瓦、一步一腳的建造外,也知道房子是要蓋成廟宇或教堂,將會成為許多人心靈的故鄉。

* 計量、計算:這些成本投入後的得利——包含各種利,是不是合理?

* 做事公開,把所有問題端上檯面;會主動報告已完成的、及未能完成的;不會只報喜不報憂,他先信任人,也將被信任。

* 重視後果,不會事敗後打起太極拳,舞得風雨不透;重視後果,因而:

　　‧有足夠的「戒慎恐懼」(即,管理學上所謂的 paranoid)。

　　‧有足夠的肩膀——「後果」越不顧,會越嚴重。

　　‧有夠強的心態——不會認為自己刀槍不入、不受傷害(invulnerable);反其道而行,卻反而得到信賴。

* 了解當責就是信賴(Accountability=Mutual Trust)。有個人當責,就要被人信賴,也信賴別人。

4.1.3 有個人當責的人,從思想起動

　　當責者知道成果不一定能達到,但也先為成果(或後果)負責。因為行動引發成果,所以為行動負責;因為思想

導引行動，所以也為自己的思想負責。

　　當責者能擁有自己、擁有環境，同時擁有因與果。他知道很難掌控環境，很難掌控別人；但很有力、也很有利的是能掌控自己，從掌握自己的思想做起。

　　為什麼是從思想做起？

　　下圖 4-2 是我整理自希爾肯（G. R. Heerkens）所著《專案管理》（Project Management）一書。討論的是，一個領導人的學習成長歷程：

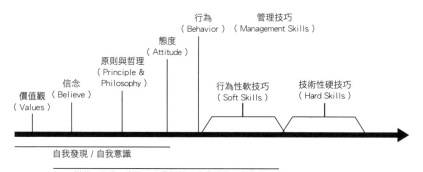

圖4-2　管理與領導能力的提升

（取材自：G.R. Heerkens: Project Management ）

「思想」牽涉價值觀、信念、哲理、與原則的事;「態度」是思想引發行為或行動的開始,所以,企業界常有人說「態度」決勝負。具有個人當責者重視「態度」,也重視「思想」。

如果我們要引發變革,從圖 4-2 右端的管理技巧開始時,變革的衝擊是淺顯的、表面的;但,如果從圖 4-2 左端的思想層面開始時,變革的衝擊是深遠的,宛如深水炸彈。

所以,個人當責者,以當責為價值觀、為信念、為原則,從思想起動、也為思想負責。

那麼,又如何從思想起動?

> 「個人沒有轉型,什麼事也不會產生。」　　　——戴明
>
> *Nothing happens without personal transformation.*
>
> 　　　　　　　　　　　　　　　　　　——W. Edwards Deming

4.2 個人當責:問好問題

問好問題可以協助澄清思想,可以引發後續許多有關「行為」與「行動」的連鎖反應及其結果。

傑克・威爾許在 1981 年 4 月接任 GE 的 CEO 之後,

未久，即前往加州彼得‧杜拉克的住所請益。杜拉克問了他兩個問題，之後劇烈地影響了威爾許的思考，也引發了 GE 後來驚天動地的巨大轉型。威爾許在接受訪問時，曾回憶起這段往事，他說：

杜拉克問：

「如果，你以前並未進入這一種事業中，那麼你今天仍想要進入嗎？」（If you weren't already in a business, would you enter it today?）

杜拉克又問：

「如果，答案是否定的，你又將如何處置？」（And if the answer is no, what are you going to do about it?）

兩個問題導引威爾許的第一個 GE 大變，就是大家所熟悉的：GE 各事業，如非第一或第二，立即整頓、出售、或關閉的處置方式。

這個簡單問題所引發的核心策略改變，之後影響著威爾許與 GE，自 1981 年起的威爾許時代裡，也讓 GE 又一次蛻變成美國最成功的公司之一。

彼得‧杜拉克還有一句「問話」，也在當責世界裡引發越來越大的迴響，成為實踐個人當責的第一模式。在他1963年名著《有效經營者》中，他提出了一個單一的世界通用問題：

「什麼是我可以貢獻的——貢獻到我所服務的機構裡，以顯著地影響這個機構的績效與成果？」（What can I contribute that will significantly affect the performance and the results of the institution I serve?）

杜拉克認為，世界各地的商業領袖與專業人員，如能如此不斷地自問，則可被引領而在組織或機構之中成事成功。

其實，這種強烈的個人當責感，在幾十年後的今天，有了更多的商界領導人與傑出人士，更加地體驗出話中的跨時代深意。

「什麼是我可以貢獻的？」成為經典之言——它在「個人企圖心」與「交出成果」之間架起了橋樑。

> 「以前的領導人，是知道如何講述的人；未來的領導人，是知道如何發問的人。」 ——彼得・杜拉克
>
> *The leader of the past was a person who knew how to tell. The leader of the future will be a person who knows how to ask.*
> ——*Peter F. Drucker*

在美國專門從事個人當責顧問的約翰・米勒（John G. Miller）發展了一套所謂的 QBQ 工具，成為實踐個人當責的第二模式，能把個人當責應用到實際工作與生活中。QBQ 原文是：The Question Behind the Question（問題背後的問題），基本邏輯是這樣的：

要注意問問題：

* 問題背後有問題
* 答案就在問題裡

要問更好的問題：

* 做更好的選擇
* 得更好的答案
* 導向更好的成果

所以，企業人要常自問，如：

● 我可以做什麼而有所貢獻？（What can I do to contribute?）

● 我可以怎樣做以創造不同？（How can I make defference?）

當然，你不能如此自問：

● 為什麼總是我？（Why me?）——短短兩個英語字，殺傷力（殺他人或傷自己）十足，充滿著受害者與抱怨心態。

● 什麼時候才會有人來訓練我？（When is somebody going to train me?）——是受害者加上推拖、消極、無奈。

● 誰漏接了球？（Who dropped the ball?）——濃濃指責味；下一步將推向進一步的交相指責。

所以，先別談行為與行動，光一開口就知道思想上已陷入十足推拖拉扯、交相指責、抱怨等受害者循環內了。米勒先生還有 QBQ 三原則；我整理出來後，扼要敘述如下：

1. 問好問題要以 "What" 或 "How" 開始；但

● 不要 "Why"（為什麼？）——因為總想到抱怨。

● 不要 "When"（何時？）——因為總想到推拖。

　　● 不要 "Who"（誰？）——因為總想到指責。

　2. 句中要有 "I"

　　● 不要用你、他、及你們／他們。

　　● 個人當責一定由「我」自己開始。

　3. 要聚焦在「行動」（action）——沒有行動，一切都是空談、都成枉然。

4.3 個人當責的自我實踐

　　實踐個人當責的第三模式是康諾斯與史密斯在「奧茲法則」中提出的，他們所描繪的個人當責是這樣的：

　　「我還能多做些什麼，以超越我目前的處境，並交出我所期望的成果？」（What else can I do to rise above my circumstance and get the results I want?）

　　首先，這個提問確是以 "What" 開始的；為了要「交出成果！」（get results）這個最後目標，我是願意多做一些什麼的：

　　● 縱使資源不怎麼充足，環境不怎麼配合。

　　● 我可以多做什麼以改善現況？

- 我怎樣把今天的工作做得更好？

- 我怎樣可以進一步了解你？

- 我怎樣可以多支持部屬或他人？

這裡談的 "what else" 意涵正是 "one more ounce" 之意；或者，更確切地說是：多加 5 ％，或 10 ％，甚至如台灣友訊公司所倡導的 20 ％；還有高球好手老虎‧伍茲在接受訪問時說的：「我每一次擊球都用 120 ％的專心與努力。」

綜結來說：

在杜拉克的第一模式中，比較重視的是：績效與成果。因此希望達成的是：重大的、更大的績效與成果。這當然是當責固有的目標，乃至是延伸目標（stretch goal）。

在米勒的第二模式中，比較重視的是：中間的過程。因此明白指出如何做好 "QBQ"，不宜有提問或自問是用開頭字如：Why（導向抱怨、受害），或 Who（導向指責、推卸），或 When（導向拖延、受害）。米勒還提出更具體的挑戰：「你今天 QBQ 了嗎？」

在康諾斯的第三模式中，比較重視的是：起動因素及各種努力的掌握。既然，當責最後標的已定；要確保標的100 ％完成，就不要在乎投注入 105 ％或 110 ％的專業精神與努力。

這三種模式都是個人當責從「思想」引發「行動」的有效方式，不論你加強的部分是前面的因，或後面的果，或中間的過程，都可以具體實踐個人當責。

彈去心上層層灰塵，我相信，人類心靈深處總是存有當責心的。對事業與人生有一份擁有感、或歸屬感，是令人興奮的。同樣地，自主感、成就感以提升績效，是企業人心底永不止息的企望。

西方人常說：心甘情願的負擔，就不成為一種負擔（A willing burden is no burden.）。承擔個人當責不是責任纏身、不是秋後算帳，是一種內心企盼、一種潛能釋放。想想看，多少專案與工作屢屢在權責不清、推拖拉扯之間，更會令人夜不成眠、痛苦難堪。

富有個人當責的企業人會是「毋需揚鞭自奮蹄」的現代千里馬。

但，也沒那麼容易。「個人當責」確是從「我自己」開始；但這個「開始」通常又代表著「改變」。

十六世紀的政治謀略家馬基惟利（Marchiavelli）說：「若想樹敵，就試試改變一些事吧。」又說：「擁護改革價值的人，常不是真心誠意的。他們希望改變的是別人、或環

境，而不是自己。」

　　改變別人，或改變自己，似乎都不是一件簡單的事；但，還是難易有別、先後有序的，不可造次。請看下述一則精彩故事：英國大主教，在英國歷史上是位高權重的；有時，權力甚至比帝王還大。英國西敏寺大教堂內，有一位大主教的墓誌銘是這樣刻下的：

> 「當我年輕而奔放時，我的想像力是沒有界限的，我夢想改變這個世界。當我長大也更聰明些時，我發現改變世界可不容易，所以我縮小些我的眼界，我決定只要改變我的國家；但，似乎也難以撼動。當我逐漸進入暮年，我做了一件孤注一擲的最後努力，我想改變我的家庭──家庭對我而言，是如此親近；但，唉！他們也沒改變什麼。現在，我躺在臨終床上。我突然了解：如果，我最初只是要改變自己；然後，依此實例與經驗，我可能可以改變我的家庭；從家庭的啟發與鼓舞，我可能隨後有能力讓我的國家更美好。然後，誰知道！我可能甚至已經改變了這世界。」

　　我覺得，這則「人之將死，其言也善」故事的重點只有兩處，那就是一、「如果，我最初只是要改變自己」，與

二、「然後，誰知道！我可能甚至已經……。」

個人當責，當然是個人的一個自由抉擇。你做出抉擇了嗎？

讓我們再回顧本章首頁的兩個實例──在球場上與職場上。職場上的七個問題，現在的你應該大致同意了。球場問題呢？「德不孤，必有鄰」，分享你另一個高爾夫球賽小故事：

呂良煥先生曾在二十餘年前，受邀參加舉世最負盛名的英國公開賽，他技驚全場，贏得了第二名。但，球賽中間，他曾打歪了球，不幸地又打傷了一位觀賽的英國婦人，呂先生當場致歉，賽後並立即前往醫院探視。在當時的英國，曾因此而贏得球技精、風範佳的「呂先生」美名，名滿全英倫與高球界。據報導，二十年後，呂先生又邀請了那位英國婦人來台灣享受了一趟知性之旅，呂先生當真也是當責風範。

球場與職場故事說完了，還記得本書序曲裡，戰場與政壇的故事嗎？當責與成功人生總是交織著。

回顧與前瞻：

在初版書成後，無數次的研討會中 "one more ounce"（多加一盎司）每每激發出很大迴響——有時響徹整個會議室，驚動其他會議人。記得有幾次在中國開講的系列研討會，原被要求儘量少講英文的，會後大家卻很快樂地大聲喊出三個英文詞，那就是：

❋ Accountabe!

❋ Get Results!

❋ One More Ounce!

分別是一個字、兩個字、三個字，是內容精華也幫助記憶，字字迴盪在教室空間裡與每個人心坎裡。

One more ounce 談的是從個人做起，不是要求別人先做起。在歷次研討會中常獲最大迴響，讓人對未來充滿希望。在企業世界裡，未來我們需要更多在目標路上「毋需揚鞭自奮蹄」的千里馬。

One more ounce，在台灣又常被戲稱為「雞婆」——為了成果，他是會管很多閒事的，雞婆也漸成美稱。嚴長壽先生很推薦當責，他稱自己是「無可救藥的雞婆者」。

別忘了，為了成就大事，在團隊中，我們還要勇於擔當那個不僅僅是「介入」還堅守「承諾」的「豬頭」。也別以

為應該很少人想當那個「豬頭」，我曾在一次8小時研討會後，以閉目舉手的方式，測出一家高科技公司的四、五十位最高階主管中，有95%舉手表示願意。假使你資格相符，也願意當責不讓地站出來嗎？

我們提到了千里馬、豬頭、雞婆，還有其他什麼動物嗎？有，後面有一章對華人很重要的規劃與執行邏輯，稱為「兔寶寶」，請你期待。

第 **5** 章

團隊中的互動：
個體當責
(Individual Accountability)

特別注重在一個工作組合中，個體間的群我互動關係，有如各種球賽中的專攻、主攻、助攻，運球、作球、接球、撿球，搶位、補位。「報告」是個體當責中較弱的一環，你不知、不願、也不善「報告」嗎？

ACCOUNTABILITY

企業界，有些人把「個體當責」視同「個人當責」，不做區別；其實，也並無不可。只是，「個體當責」是比較偏向在一個工作組合中，一個個體與其他個體及整個團體之間的群我互動關係。嚴格說，「個人當責」仍是「個體當責」的基礎，但在實際應用上兩者是有其相通處。

個體當責的基本意義應可如下圖 5-1 所示：

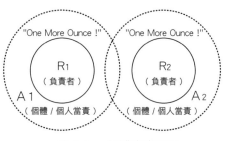

圖 5-1　個體當責圖示

在一般的工作組合中，兩個成員（R_1 與 R_2）也許各有專精，且分工良好，彼此間並無直接或間接的重疊。獨立工作，有時像各自爬山，山頂再相見；但，有了「個人當責」後，他們：

● 想把最後成果做得更好、更大。

● 想在過程中更主動、更積極。

● 想更加多幾分努力，以確保能交出成果。

於是，R_1 與 R_2 分別有了 A_1 與 A_2。但，A_1 與 A_2 也不

一定有交集。

　　然後，他們體認了「個體當責」：想到、看到機會可能要互動、互助，互惠、互利，甚至於互相挑戰，以達到山巔、達到共同的最後目標。他們想：這樣協作，可能更有意義。

　　於是，A_1 與 A_2 開始可能有了交集的良機。

　　最後，圖形比較複雜些，但回到我們已經很熟悉的 ARCI 的「豬頭」上。如下圖 5-2：

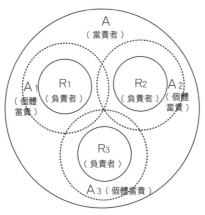

圖 5-2　ARCI中的個體當責

　　很顯然地，由於個人當責與個體當責的運作，大圈圈沒人管內的「白色空間」顯然變小了，對 A（ARCI 模式裡的團隊當責者）來說，應該是更穩當些，球在轄區內漏接的機會是更小些了。

縱使球不幸落地，個體當責會使人立刻撿球、傳球，完成球賽的補位、補救作業。那麼，會不會因熱心過度在兩三個交會區，搶球成一團呢？會，也可能不會，就看成員間平日的訓練、互信與默契了；至少也要有賽前集訓吧！團體成員為了團隊集體成功會相互關心、相互馳援、也相互挑戰。但，各自的責任領域很清楚，不應捨己為人、或入侵別人的責任領域。馳援非救援，就像救急不救窮；成員績效不好，並不是犧牲績效更好的人花更多的精力去彌補它。富有個體當責者不是當「大阿哥」，鄰人出了問題，還要一肩扛起，說：「那也是我的錯！」

　　個體當責的意義是，在團體或團隊中，首先100％地扛起自己責任，然後再加一盎司，藉以強化自己或支援別人；支援時，或相配合，或互挑戰，為的是要共同完成團隊佳績。

　　以柯維在《與成功有約》中的七個好習慣架構來說，每一個能負起個體當責的人都至少是「獨立的」（independent），乃至「互信互賴的」（interdependent）等級的，不會是仍在「依賴的」（dependent）層級上的。

　　「商場如戰場」？有時也沒那麼嚴重，它更像「球場」；那麼，就讓我們來好好打一場好球吧。

212

5.1 個體當責的應用例：好好打一場好球

1. 受害者的球場	**範例：「誰掉的球？」**

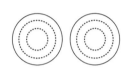

* 應該不是我。

* 不應該是我。

* 居然會是我，卻沒人告訴我。

* 又為何不早一點告訴我。

2. 獨立貢獻者的球場 **範例：「在我轄區內，我絕不會掉球！」**

* 一群有能力、能獨立的工作者；學有專精，饒有能力，的確不易掉球，但互動很少。

* 是高手；近乎百發百中、絕少失手；但，總是不能相加相乘。

* 「縱使球隊失敗，我個人仍算是成功的。」

* 「我想，有此專技，當可無慮換工作、走天涯。誰怕誰？」

* 不在其位，不謀其政？

3. 個體當責運作中

範例：「我們撿球、傳球、運球、搶球！」

* 一群有能力、能獨立的高手，互動增多，個人責任圈已擴大。

* 行有餘力，總是伸出援手，不論遠親或近鄰。

* 好急，想幫助他；但，有時有些鞭長莫及。

* 常常還是在個體當責區外，在下次設計裡，應更有技巧些，方便互動得分。

4. 個體當責強化中

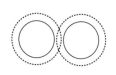

範例：「好好打一場好球！」

* 我們「作球」給隊友得分。

* 傳球傳到隊友即將到達之處。

* 接球接在未來默契點。

* 隊友能迅速補位。

* 距離正好；伸手就可互相擊掌鼓勵，或近距離挑戰個別企圖。

5. 角色與責任衝突中 範例：「我們也常互搶球，或互
踢球！」

- 饒有能力的「個人當責」工作
  者；但，時而意外互搶或相互
  禮讓。
- 我們誤以為，有重疊區是一種
  更保險的設計。
- 有時熱心過度，侵入他人責任
  領域。
- 有時，捨己為人、誤人誤己。
- 有個人當責，但個體當責運作
  不良；基本責任區，明顯設計
  不當。

5.2 個體當責的根基：當責真義與個人當責

個體當責的基礎是個人當責。沒有個人當責，個體當責
很難確立並運作。當然，如果對當責本身的真意不能慎思、
明辨、篤行，個人當責也是無從發揮。個人與個體當責的缺
乏在團體中所造成各種脫鉤現象，就如我們常常在職場中聽

到的：

* 那不是我的工作，或那不是我部門該做的。

* 我不知道，你這麼急著要這資料。

* 沒有人告訴我怎麼做。

* 應該有人告訴我，不要這麼做。

* 如果你告訴我，這事這麼重要，我早就先做好了。

* 這件事是錯了，但，是別人告訴我這麼做的。

* 我以為，我告訴過你了。

* 是我的人掉了球了，不是我。

* 沒有人追蹤我做的事，應該是不重要的事吧！

如此這般：沒人接球、四處掉球、沒人撿球、到處是球評、到處是無奈與無辜受害者。

個體當責既是當責的一種，我們就以當責概念來檢驗個體當責：

1. **是一種關係**：雙向溝通，兩造之間的一種默契乃至契約；不只是自己獨思、自我發揮、自行奮鬥、自立完成或我行我素。我延伸的部份也希望對別人確有助益。

2. **是成果導向**：不只各自為營，常想鄰居，我們要集體成果。

3. **是需要報告**：報告進度、報告成果；不只報告已完成的，更報告未完成的；報告自己闖的禍，避免別人因此而闖出更大的禍。

4. **是重視後果**：後果如債務，無法輕率了事；不理，會更惡化、誤事；不只堅強自己，也挑戰鄰居；不只接受懲罰，也會懲罰自己。改良了，會更強。

5. **是改進績效**：不是等待秋後算帳；歡迎鄰居隨時回饋以便及時改進、隨時提升成功機會、減低失敗衝擊。

個體當責要件中的「報告」常是個體互動關係中較弱的一環。團隊中成員間常不知通報、不願通報、報喜不報憂、隱瞞實情。富有個體當責者會讓自己所做、所為為別人所悉；如：自己剛剛闖的禍，會增加隊友多少麻煩，要求預防；而不是等他闖出更大的禍，以便蓋住自己原有小禍。也想知道別人所做、所為對自己、對團隊有何正面、反面意義；還有，自己可否預先在未來處準備幫忙；做完自己事後，也很「雞婆」，愛管「閒事」──如，鄰人瓦上霜，及遠處城牆火等，只要那些「閒事」會對本團隊的集體成果造成衝擊的，都愛管。

個體當責除了各個體間的互動關係外，也與管理階層互動、互助、或互補關係，在下一章中還會有說明。

　　在結束本章之前，還有一個問題：如身為主管，你的個人或個體當責呢？

　　圖 5-3 中的 A 是個負有團隊成敗當責的主管，需對內確認 R_1 與 R_2 確實履行責任，且對外承擔整體成敗責任。A 明顯是有一片「白色空間」要傷腦筋的。但，進而言之，A 把這一片轄區都承擔起來後，也還有其往外再擴一圈的「個人當責」。在這個人當責中，他與其他團體或個人互動，也裝備著「個體當責」；這個體當責所涉及的要務之一將是，更大範圍利害關係人關係的經營管理——經營良好時，可以讓自己的團體、別人的團體，乃至包含自己團體在內的更大團體獲得更大成功。在企業實務中，這個 A 會不會因此招攬過多，惹禍上身？或鞠躬盡瘁？機會很小，只要你分清角色與責任，事先預防與規劃，思想先於行為與行動，因而制敵於機先，防患於未然，一定比忙於救火或補洞都要輕鬆許多。幸運常歸於雞婆者，尤其是有目的、有規劃的雞婆者。幸運，也是事業成功的要素。

　　你是圖 5-3 中的 A，基於個人當責與個體當責，也基於互惠互利或相加相乘的團隊成果，你「雞婆」地想幫助其他團隊，最後卻發現自己受益更大？！

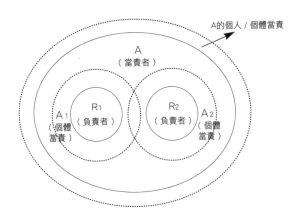

圖 5-3 ARCI中的A個人／個體當責

質言之，個體當責在當責的整體架構上，是承先啟後的。

承先，是承接了個人當責的基礎——個人當責有兩大意義所在：一是真正體認了當責本身的真義，二是為了確保交出成果願意多做加一份心力與精力。這是一段自我覺醒（self-awareness）、自我精進（self-mastery）、與自我紀律（self-discipline）的過程。

啟後，是開啟了隨後「團體當責」的先聲——開啟了團隊中個體成員互動、互助、互成的關係。雖然，還是以個人為主，但有了合作、協作與分享，其成果觀也由個人成果，更趨於集體成果。

因此，整個心路歷程是簡單若此：我負責的這一部分一

定會完成（負責），還會再多做一些（個人當責）；而這多做的部分，會考慮到與隊友的互動、互補、互助（個體當責）；為的是要團隊的集體成果。

再下一步呢？就是結結實實的團隊當責了。

回顧與前瞻：

更積極來說，個體當責也會演化為「同事對同事」的當責（peer-to-peer accountability），例如，R_1 會對 R_2 說：「R_2，我沒有惡意；但，我認為你昨天做的事，會對我們共同目標的達成在時間與成本上都有不良影響，你可以說明一下嗎？」

記得有一次我在美國的當責研討會上，演講者說了這段故事，他又繼續說：「在我們美國，R_1 不會對 R_2 這樣說，R_1 會去對 A 這樣說，同時會要求 A 在對 R_2 說時不要提到是 R_1 說的。」於是 A 去對 R_2 說了，R_2 很快就同意並答應立即補救。但，A 又補了一句：「其實不是我發現的，是另一位 R 發現的，他交代說，不要說出他是誰。」全會場大笑，大概是很接近事實吧。事件真實現場呢？一定是一場災難。

所以，如果你能實踐同事對同事的當責，你的勇敢與當責應該是超過了美國職場的大部分人了。

再往上提升一層呢？還有稱「peer-up 當責」的，例如 R₁會挑戰他的 A：「請問 A，我們所有的人都努力無比，全力以赴，你是否帶領我們在一個正確的方向上做正確的事？」

再往下一層呢？又有稱「peer-down 當責」的，例如：A 敢對 R 們堅定地要求他們必須完成他們原先已做出的承諾，或者當個爛好老闆？還親身下海代做？據調查，在美國，敢於向下挑戰，堅持承諾的主管不足 40%；讓我們超越他們！我們對當責要有更深切、更系統化的認識、認同、與認真。

第 **6** 章

團隊成功之鑰：
團隊當責
(Team Accountability)

「共同責任制」可行嗎？團隊當責有何特質與迷思？有許多
公司的高階團隊不一定是真「團隊」，而只是「團體」？
但，兩者都承擔應有的當責，有什麼當責工具可資運用？

「**團**隊當責」有什麼特色與作用？也許，我們得先談一下什麼是團隊（team）？

最常見的團隊是功能性（functional）團隊；是指具有相似功能的一群人組合在一起，形成了功能性部門如：銷售、研發、生產、財務、法務等的部門團隊。在這些既有部門團隊之下，常又有許多更小團隊，例如不同區域的銷售團隊、不同產品的研發團隊等。

近來，常有跨功能（cross-functional）的團隊出現，其目的不外乎更進一步提高團隊工作的效能與效率。跨功能團隊常以專案（project）的形式出現，例如為開發某項新產品而集合了適當的研發、業務、工程、生產，及供應鏈上同仁而組成一個團隊，以傾力開發；其目標總在開發出顧客真正需要的產品，並顯著降低周期時間（cycle time）。

專案中比較大型的通常稱為計劃（program），計劃經理通常是公司的大官，一個 program 通常含有多個 projects；一個 project 之下又常含有許多 tasks 或 sub-tasks。為執行 task（特別任務）而成立的團隊習稱為 task force（任務小組），大的如軍中的陸、海軍聯合特遣部隊，小到企業專案下兩、三隻小貓的小任務團隊，這些小團隊也都會有個領導人──這些小團隊小領導人可能成為公司下一代的大領導

人。本書希望的是，從他們起就啟動「當責」與「團隊當責」的概念與行動。

跨功能團隊中，還有一種很重要的應用是用於流程團隊（process team）或稱流程管理（process management）。總公司層級的流程常包含有數個跨部門的核心流程（core processes），如新產品開發流程、人才培養流程，又如供應鏈管理流程——這種供應鏈管理流程甚至還是跨公司、跨國界地連結分處各國的供應商與客戶。「流程團隊」存在的時間通常是好幾年，甚至永久型，這與為期常只幾個月的「專案團隊」又有時間長短上的不同。

6.1 當責讓團隊更具特色

這些我們常見的團隊有何共同特色呢？凱真巴克（J. R. Katzenbach）在麥肯錫顧問公司工作約三十年後，寫下了一部名著《團隊的智慧》（The Wisdom of Teams），他對「團隊」下了如下定義：

團隊是一小群人的組合，他們具有互補性的技術，對共同宗旨、績效目標，與工作方法做出承諾；他們相互間承擔當責。

所以，進一步演繹後，一個有效團隊具有這樣的特色：

1. **精準人力**：通常 4 到 6 人，或 5 到 10 人，總是小於 10 人，不會大於 25 人。

2. **互補技術**：成員互有專長，要適當混合。專長領域大抵如三：技術性或功能性專長、解題技巧或決策技巧，及人際關係管理技巧。

3. **共有宗旨、目標及方法，共同建立並承諾**：使命、價值觀、策略、評量方式、短期目標，及工作方式。

4. **承擔當責**：各成員間承擔「相互當責」（Mutual Accountability）。

第四項重點中的「相互當責」是團隊當責的重要特色之一，凱真巴克認為：成員之間是會相互要求對方負起當責的（hold one another accountable）不是只要自己負起當責就好了。

6.2 團隊當責與當用工具

我們可以從「當責金字塔」的五層級模式中，更精確地看清楚「團隊當責」；團隊當責已經是在一個很高的層次上，所以團隊當責如果要成功經營，事實上要充分具備下列組成因子：

- 對「當責」的準確瞭解與認同。
- 對「個人當責」的瞭解與認同。
- 對「個體當責」的瞭解與認同。
- 有相互要求、相互挑戰的「相互當責」。
- 瞭解 ARCI 模式的運作及角色與責任的「責任圖解」。
- 最好,進一步擁有在其上一層、組織層級的「當責文化」與當責領導(將在下一章中討論)。

以圖形來表示的話,團隊當責正如下圖 6-1 所示:

圖 6-1 明示的是,團隊成員的 R_1、R_2,與 R_3 是很負責的;他們對各自實圓的責任範圍很清楚,他們也都有當責概念,分別有向外、向上的 A_1、A_2 與 A_3 的個人當責。他們也瞭解相互間的個體當責,個體當責的設計也很得宜。

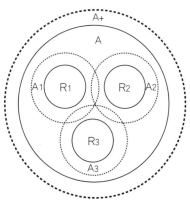

圖6-1　ARCI中的個人當責

在這整個大實線圈圈的團隊中，我們有一個「大A」，亦即在 ARCI 模式運作中的 A。這個 A 除了負責確定 R_1、R_2、R_3 能完成所負責任外，還要承擔所有「白色空間」的當責——雖然，顯然白色空間因為 R_1、R_2、R_3 發揮了個人當責而縮小了些。這個大 A 其實還有他的個人當責，即圖中的 A+ 部分，他還要與其他團隊建立個體當責，及更大的團隊當責而共赴更高、更大的目標。

當然，在 ARCI 實務運作中，A 不能只念念不忘於諸 R，而忘了還有 C 與 I 的溝通與支援系統。

總體上說，ARCI 是團隊當責所使用的最重要工具。在第三章已有詳細論及，後面第三篇還會談到一些應用實務。

「相互當責」的作用，亦可依柯維在《與成功有約》中提出的「互信互賴」模式做為註腳，請看下圖 6-2 的另一種呈現方式。

圖6-2　七個高效能好習慣示意圖

（參考資料：Stephen R. Covey"The 7 Habits of High Effective People"）

　　圖 6-2 中，七種高效好習慣中，特地保留英文原文，以利有意者能更精確地瞭解原意。

　　柯維說：

「在成熟度的連續光譜上，『依賴』（dependence）的模式是『你』——你照顧我，你為我圓滿完事；事不成，你是要被責怪的。『獨立自主』（independence）的模式是『我』——我可以完成它，我負責，我是自恃的，我是可以選擇的。『互信互賴』（interdependence）的模式是『我們』——我們可以完成它，我們可以合作，我們可以結合我們的智慧與能力一起創造更偉大的事。」

寫到這裡，腦中浮現的「互信互賴」圖像是馬戲團的空中飛人表演：一位藝高膽大的藝人在高空中，放開握的繩梯，凌空飛出；另一位也藝高膽大的藝人，腳勾繩梯及時飛到，順手把他接走了，時間與動作的配合都完美無瑕。馬戲團裡的表演者每個人都身懷絕技，他們都是「獨立自主」的，但也是「互信互賴」的，也唯有互信互賴才能完成超乎個人（1+1>>2）的精彩團隊表演。

　　在現代許多企業活動中，我們都需要彼此的互信互賴才能完成更大成就，柯維提出由「獨立自主」蛻變為「互信互賴」的三個好習慣，也是「相互當責」所應具有的態度與行為，它們是：

* **習慣4**：總是思考雙贏。不是「哈！我贏你輸，你可要輸得起」或「你贏我輸，要記得我的犧牲」。這世界夠大，一定容納得下雙贏的。

* **習慣5**：先設法瞭解別人，再求被人瞭解。不要自怨自艾、如泣如訴：「心事誰人知」；何不主動「知人心事」？主動的主導權可正是在自己！

* **習慣6**：總在追求綜效（synergize）。否則 1+1<2 的機會一直比 1+1>2 的機會大很多，「綜效」追求的不只是相加，更是相乘的更大。

所有甘願承擔「當責」的人，都已經脫離了「依賴」的階段，進入「獨立自主」或「互信互賴」的高階段了。在「相互當責」的團隊活動中，「互信互賴」是一種基本心態，更進一階——是要積極主動，為了最後成果相互要求！

　　另有研究稱「合體當責」（Joint Accountability）者，其焦點擺在整個組織的大目標上。每個人或團隊都負有當責，要產出整個大組織必須要達成的最後成果中的一部分成果。下圖 6-3 是合體當責的圖示，有點像卡通片中的「無敵鐵金剛」，在一聲令下，各肢體八方來會，合體成功成為完整而強大的無敵鐵金剛。

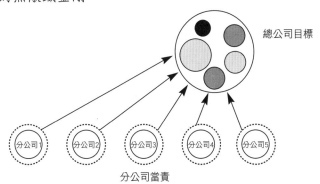

圖6-3　合體當責（Joint Accountability）圖示

　　在企業實務中，上面的大圓是整體組織的大目標。當底下各個團隊的成果已經完成，但仍填不滿上面的大圓時，各

個團隊仍都必須再奮力向外再擠出一些小圈圈，以期補滿上面的空白空間，這就是「合體當責」意義了。

也許，這許多不同名詞，會把人弄迷糊，但這些都是許多管理文獻搞出來的，故僅供參考。在我們簡化的實際運作中，就是「團隊當責」了。

6.3 團隊當責的迷思

團隊當責是簡化了，是否有迷思，還需要再說明清楚？例如，非團隊的「團體」（group）也需要當責嗎？團隊當責是不是所謂的「共同責任制」？

6.3.1「共同責任制」可不可行？

「共同責任制」指的是，在團隊中全部或部分成員共同分攤責任。它會不會是一種有效的團隊運作？下列幾個問題值得思考：

1. 責任共同分攤或分擔後，可以變小而易於掌握嗎？

　　→我們要擔心的不是變小變易，事實上常是變無了。

2.「這件案子，你們六人共同負責。」可行嗎？

　　→事實是，事成了，大家分享功勞，沒什麼大問題；

事敗了，大家互推卸責，問題不小；不成不敗時，誰也不想弄清楚，或如捅馬蜂窩。

3.「集體」負責，真意何在？

　→如果團隊失敗，需要開刀了，你要開除整個團隊嗎？一併懲處其中的高效成員？會更公平嗎？

4. 這個「集體」有一位老闆級的人嗎？或，更上一層樓總有一位老闆吧？

　→為何這位老闆毋需出面擔當，仍與部屬一視同仁？

5.「我們是共同創業，深具革命感情，足以共同分攤責任。」

　→事實是，馬上得天下，須下馬治之；「幕僚團」可以很成功，「領導團」很難成功。我們更需要的是明確的「領導人」，而且跨越感情，公平處理事務；更重要的是，我們要交出成果。

6. 事實是，我們不知道如何釐清角色與責任；兵馬倥傯中，也沒時間。

　→好吧！那麼請試試「當責」與「ARCI 模式」。

中國俗話說三個和尚沒水喝。在企業管理上，六個和尚也沒水喝，兩個和尚也是沒水喝，除非扁擔設計得很好；

但，一個和尚一定有水喝。

團隊運作不宜採共同責任制。團隊當責，植基於個人當責、個體當責，並妥善運用相互當責、合體當責；在 ARCI 明確的角色與責任圖解下，清清楚楚只有一個 A——他，當仁不讓，承擔起責無旁貸的當責，才是導向成功之道。

6.3.2「團體」是不是團隊？

有專家估計，現代企業運作中，約有80％工作是以團隊運作的方式交出成果的。那麼，其他方式呢？個人與工作團體（work groups）就是此中的例外。

這種「團體」基本上只是聚在一起互動、分享資訊、分享最佳實務（best practices）、分享未來觀點，並分別做出最佳決策；幫助團體中的分體在各自轄區內完成任務，他們並不需要成為真正的「團隊」（teams）。

美國有許多大公司，如惠普、保德信、摩托羅拉等的最高階層都正是或曾是如此運作的。成員的績效合約是直接建立在成員與大老闆之間，他們聚在一起的主要活動是：分享資訊、強化績效標準與公司期望、加強核心價值觀，並一起做成重大決策；然後他們各自回家，分別辦案，交出成果。公司最大的成就就是：這些優秀成員們分別交出優秀成果後

的加總——在這個層級上加總，不必相乘，就已成就非凡。

凱真巴克在他《團隊的智慧》中，也提出了團體與團隊
在運作上的主要差異，下表可供參考：

團體（work groups）	團隊（teams）
強勢且清晰聚焦的領導者	分享領導的角色
個體當責	個體當責加團隊當責
團體宗旨相近於組織任務	特別目的／目標
個人化工作與產品	集體性工作與產品
影響力很關鍵	直接盯住團隊工作與成果

所以，不屬「團隊」的「團體」，要成功運作還是少不
了當責中的「個體當責」。

團隊要成功，當責是關鍵因素。這裡的當責除了基礎的
當責真義、個人當責、個體當責外；還有，相互要求對方的
相互當責。更重要的是，在這些當責之上，還有 ARCI 的團
隊工具可資運用。

職是之故，團隊當責中有了相互當責與 ARCI 模式，讓
團隊當責成為團隊成功之鑰——這點在跨部門／功能團隊的
成功運作中，尤其重要。

回顧與前瞻：

我常舉例問起研討會成員：在一個簽案中有 15 個人簽了名，誰應是為最終成果負責的當責者？是最後一位嗎？不會，因為他總會在前面 14 位中找到代罪羔羊。是最先一位嗎？不會，因為他總認為後面仍有許多大官們在背書攤責。

我認為，最有可能的是第 9 位，他是為最後成果負起當責的 A。第 1 至 8 是來自相同或不同單位的 $R_1 \sim R_8$，第 10 至 12 是 C_1、C_2 與 C_3，第 13 至 15 是 I_1、I_2、I_3。

所以，不會全體 15 人共同負責，也不是最後最大的官在負責，而是最適的人在最適當位置上負責。這時，不大不小官的第 9 位成為公告週知的 A，名正言順地領導 8 位成員全力以赴，攻向成果，中間不時地從 C 處得到奧援與鼓勵，也隨時把重要進度與半成果讓 I 們知道，完成組織內外溝通。

實務中，C 與 I 常是大官，也簽了案，但不必然是當責者，卻也常以大官名義隨便介入指指點點。第 9 位官原是很有自主感與成就感，也很想當 A 的，卻沒有人公開聲名他是 A；所以，進退失據，難以發揮應有的領導力與執行力。

這是當前公私機構在決策與執行上的通病，讓我們發揮團隊當責，讓那位不大不小官為那件不大不小案，公開負起成敗全責，成為當責者、領導者，領導所有的 R 們，發揮各種當責，交出團隊成果，也逐漸成為新一代領導人。

第 **7** 章

形成當責文化：
組織當責
(Organizational Accountability)

組織當責的目標是要建立一個當責組織，確立照顧「利害
關係人」（stakeholders）的權益。組織當責有兩大基本要
素要建立：堅實的當責文化，與堅強的當責領導。談「文
化」、談「領導」有些老套，套上當責後，有何奇妙處？

ACCOUNTABILITY

「組織當責」的功用是要整個組織成為一個「當責組織」（Accountable organization），讓組織能藉當責而更有效地完成組織對內與對外任務。亦即對內，建構一個適宜個人當責、個體當責，及團隊當責運作與滋長的環境；對外，也預備了執行社會當責的基礎，或者說，建立了與外界有效溝通當責的橋樑。所以，組織內各階領導人真正要能交出成果來，不只要有很強的當責觀，也要有「組織當責」的幫忙！

「組織當責」的意義在企業與公司運作中就是所謂的「企業當責」。更在其上的「社會當責」，則是要能主動、適時、適當地對利害關係人，如股東、員工、顧客，及社區做出必要的報告／說明，並照顧其利益，成為一個公開、透明、信任的現代組織／企業。

本書把「組織當責」與「社會當責」做明顯區隔，並賦予「社會當責」更高位階的意義，將在下一章節中詳述。

準此而論，則成為一個當責組織，必備兩個基本要素：一是堅實的當責文化，一是堅強的當責領導。

在當責的企業文化裡，每一個人──「從董事會裡的人，到收發室裡的人」（from boardroom to mail room），都能認清並認同當責，都能體認並執行個人當責、個體當

責，與團隊當責中應有的角色與責任。董事會會監視／輔助CEO 經營一個公開、透明、信任的現代組織；收發室會在寄出重要物件後，有必要時再次確認對方有否確實收到。

所謂當責文化，是指將「當責」變成「企業文化」中的一部分，更精確來說，是將當責變成企業的一種核心價值觀。所以，談當責文化，一定要先談企業文化，以免滋生混淆。因為企業文化太軟，軟到摸不著、看不清、想不透；大部分人都覺得似懂非懂、若有若無，也就可有可無、人云亦云，終是不以為意或不知所云了。

在我許多推動當責的研討會中，大家最關心的是，當責不能變成特立獨行的單獨概念或工具，而是要蔚為風氣、相互鼓舞；因此，企業文化就成了一條最明確的路。但，「堅實的當責文化」不能建立在這般稀鬆渙散的企業文化認知之上；所以，下一節要談到企業文化的認識、塑造，與衝擊。

7.1 企業文化的認識、塑造，與衝擊

企業文化的塑造並不容易，卻是一個企業從「創業有成」到守成到傳承，到「基業長青」的最關鍵處。可惜，這種非屬硬性技術的超軟系統一直難以獲得華人企業的重視。

事實上，企業文化一點也不「太軟」、一點也不「高空」、一點也不「迷惑」，它有紮紮實實的三樣基本組成分，如下圖 7-1 所示：願景（vision）、使命（mission），與價值觀（values）。

願景如遠方燈塔，是組織最遠程的目標。使命如望遠鏡，是眺望現在與未來間所繪成的任務導航圖。價值觀則如羅盤，是組織人不論身處何處、何時，作人、處事的共有基本原則。這三種明確要素：

圖7-1　企業文化的基本組成

願景（燈塔）、使命（望遠鏡），與價值觀（羅盤），可構成了一個組織堅實的企業文化。

企業人士與管理學家們，對「企業文化」仍有很多不同看法，例如有些人認為，願景與價值觀兩項就已足夠了，不需使命，使命多重複。有些人認為，只要使命與價值觀就夠了，價值觀足以讓散處世界各地的公司人找到原則與方向。有些人則認為，使命就是一切，使命甚至還可包括願景與價值觀，包括企業要做什麼、如何做、為何做，於是「使命說明」（mission statement）成了一種高階管理的重要工具。更

有些人認為：價值觀一項，即足矣；它可以輔導分處世界各地的企業人，如企業所欲地做人做事，夫復何求？──其實，「價值觀」也確實正是企業文化中最關鍵的部分。

完整的願景（燈塔）、使命（望遠鏡），與價值觀（羅盤）所形成的企業文化效應何在？概如下圖 7-2 右側所述：

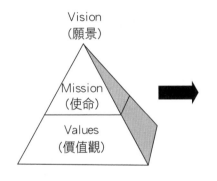

△形成堅強的領導力
△驅動彈性而快速的行動
△抑止不適文化的滋長
△吸引並留住優秀人才
△幫助公司跨部門活動
△保持公司決策的一致性
△高層用以引發並執行變革
△發揮更有效的企業併購
△建立跨國經營的成功模式
△塑造難以模仿的競爭優勢
△維持企業長期經營的成功

圖7-2　企業文化的形成與作用

上述十一條，條條有實蹟實例，條條通往成功路；可惜，非「捷徑」、無「近功」、缺「短利」，故常是不討喜。

美國《財星雜誌》每年都做「最受尊崇」公司大調查；前些年，他們在調查完成後，曾整理出一個結論：

「越來越多的公司，更加關心的是：公司不能只靠數字而活。有一件事，讓這些頂級公司在大調查中脫穎而出

的是：他們堅韌的企業文化。」

詹姆斯（Geoffrey James）在他的著作《矽谷成功秘笈》（Success Secrets from Silicon Valley）描述企業文化的作用如下圖，簡明扼要：

圖7-3　企業文化決定員工行為

(參考資料：Geoffrey James, "Success Secrets from Silicon Valley")

正如麥肯錫顧問公司前總經理說的，企業文化是：「讓一大牧群，大致保持西行。」（Keeps the herd of employees moving roughly west.）亦即，肯定不會有往東或往北的。

所以，企業文化是要成為員工行為準則並導向企業所追求的遠景，殆無疑義；只是「知易行難」罷了。科學家與工程師們處理了太多「知難行易」的科學與工程事，有朝一日成為管理人後，面對管理學與社會學上眾多「知易行難」的事，不是腦筋不清，就是不知所措。

資誠公司（PricewaterhouseCoopers）曾對全球前兩千大

企業的 CEO 們做過調查，顯示有 47％的 CEO 們認為：重塑企業文化與員工行為，是他們的優先要務。

重塑員工行為真是一項艱辛的任務。連心理學家都承認，人類超過一個年齡後，行為改變是很困難的。企業界除了小心謹慎一開始就找到「對的人」外，「不太對」的人還是得藉助訓練、教育、輔導、教練等等方式，再加上堅定的企業文化的長時薰陶，或許可以讓「蓬生麻中，不扶而直」，而也才有重新塑造行為的機會了；「不對」的人，遲早必然是公司的負擔。重塑員工行為，不易成功；故，越來越多的優秀企業，越來越講究 "Hire for characteristics, train for skills." 也就是說：「聘請人才時，要選人格特質；至於專業技能，進來再訓練。」尤其是服務業吧。

但，不要太絕望，行為仍然有望改變。

美國著名的「創意領導中心」（CCL）曾與杜邦公司合作發展出一套行為改變的基本模式如下圖 7-4 所示：

簡單三角形中，隱藏著重大玄機。三角形頂端是一個人的「行為」，這個「行為」是會受到底線「價值觀」與「個性」兩項因素所影響的。「個性」是很難改，但「價值觀」是有可能成為「行為」改變的內在與外在驅動力！這個「價

值觀」包括：內在對自己價值觀的發掘——確認、重新確
認，或改變，以及外在所處企業或環境價值觀的認同、薰
陶，與教化。這兩個價值觀不一定相合，越來越多的人在發
現自己的價值觀與組織價值觀有強烈衝突時，開始選擇離
開，或被迫離開。然而，在國內這問題並不存在，因為大家
對個人價值觀與組織價值觀，多數仍是一片茫然——但，這
並不表示，現在與未來的領導人，會繼續保持一片茫然！

這個三角形行為模式的最簡化說明是：

老陳「個性」內向害
羞很難要他上台演講（演
講是一種「行為」）。後
來，他決志從政，鎖定要
當政府高官，追求名位；
要誠信以進、當責不讓
（是兩種「價值觀」）。於
是，「演講」就成了一項

Behaviors
（行為）

Values
（價值觀）

Personality
（個性）

圖7-4　行為三角學
（取材自：CCL資料）

重要手段，務必擅長；於是，「行為」改變就有了希望。他
全心全力以赴，改進又改進，遲早會成為簡報與演說高手。
有一天，當他站在台上慷慨激昂，鼓動數萬群眾後，你在後
台訪問他時，仍然可驚見他內向害羞的「個性」。

我把這個三角行為模式，繼續演繹而成就了下圖 7-5：

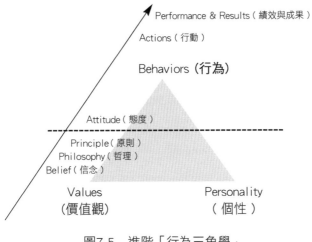

圖7-5 進階「行為三角學」

圖 7-5 三角形的中間多了一道水平面。正處水平面的是態度（attitude），態度是一個人感受事物後的一種情感、情緒反應，但仍無行為可言。態度的下一步發展才是行為，行為經系統化、組織化、目的化後，就有了行動（action），以及一些特定事業活動（activities）。透過這些行動與活動，我們一直追求的是：一定要有績效（performance），一定要有成果（results）。

水平面上正是「態度」——就是一般所謂「態度決勝負」中的態度。在態度的水平面之下，隱藏著的是「價值觀」及「個性」等的隱性影響因子。從價值觀到態度，還有

一步一步的發展、一步一步的影響；這些一步一腳印，都將成為行為改變的重要過程。

因此，我們如果要塑造當責文化，就要激發當責的行動與行為、就要塑造當責態度，就要重視這一系列的過程。這個邏輯過程如下圖7-6，也稱為概念化能力。

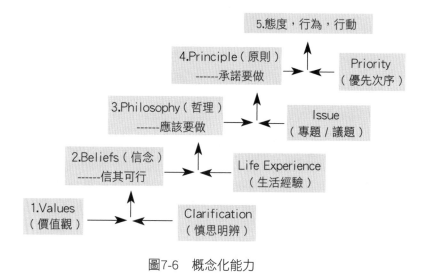

圖7-6　概念化能力

這水平面上、下兩段的邏輯過程，由「價值觀」啟動，仍不涉及個人「個性」，但已足以引發員工在行為、行動，乃至績效、成果上的巨變。這也是為什麼 IBM 前 CEO 葛斯納（L. Gerstner）在驚濤駭浪中接任後，救亡圖存過程裡，他很快地整合價值觀與信念、很快地宣佈了他的八點「我的

管理哲理」，約半年後又公佈了他的八點「領導原則」，然後就是一連串「吾道一以貫之」的行動了。救活 IBM 後，在他親手撰寫的傳記《誰說大象不會跳舞》中，有三分之二篇幅是在談他如何改變員工行為，如何「新企業文化救IBM」的事。

感謝你，耐心看完這段「理論」。

這段「理論」不只葛斯納用以改變 IBM 員工行為；也常是西方企業用以評估一個人的領導能力，亦即所謂的「概念化能力」（Conceptualization ability）。你能不能或慢條斯理抽絲剝繭，或如電光石火般，在紛擾諸事中立即理出公司所需「概念」？用的就是下述模式：價值觀（values）→信念（beliefs）→哲理（philosophy）→原則（principle）→概念化（Conceptualization）。

然後，你相信嗎？最成功的「實務」總是來自最佳的「理論」，企業界屢見不鮮。

「思考是最艱難的工作，因此很少經理人從事思考。」
——亨利‧福特，美國汽車大王

Thinking is the hardest work there is, which is why so few managers engage in it. ——*Henry Ford*

7.2 塑造當責的企業文化

在塑造當責的企業文化的過程中，首先當然是要確立「當責」為「價值觀」——如果你勇敢地接受它，你並不會寂寞；目為正如第一章 AMA 資訊中所說的：當責是當今美國優良大中小企業常用「核心價值觀」（core values）排名中的第三名。

價值觀藏在心底深處，看不到的，也不輕信的。它要領導人經過思考、整理、爭辯、澄清，以及生活體驗，再加上組織內專題處理，及企業的優先次序抉擇等的淬練，才能形成。如果這個價值觀，還不是普通價值觀，而是長久不變的「核心價值觀」；那麼，看看柯林斯與波拉斯在《基業長青》中，所做有關長青企業「核心價值觀」的嚴肅認真調查後的幾項觀察，如：全公司不會超過五或六個；必須經得起時間考驗（如果情勢改變，因此而受苦受難，你仍要堅持嗎？）；必須是發自內心的熱情擁護；毫不遲疑、堅決地改變任何不符合「核心價值觀」的事；不需合乎理性，或獲外界肯定；不是模仿、借用；不是取悅政府或財團！

對於「核心價值觀」，很多長青企業是長年不變，甚至百年不變的；杜邦公司長青兩百餘年就是一個活生生的實

例。

　　所以，推動組織當責，首重當責的企業文化，要建立當責文化第一步，就是把「當責」列為組織的「價值觀」甚至「核心價值觀」。然後，第二步是定義、澄清、慎思明辨，訓練各階層所有人——從收發室到董事會。說明當責真義、當代價值及實證功能，讓當責成為公司共同語言，讓 ARCI 模式成為團隊解題工具，匯成動量（momentum）推動組織向前行。

　　第三步，融入工作與生活中，日日行之；正如前章「個人當責」部分所述之三種模式。不斷自問、也問他人："What else can I do?"，「你今天 QBQ 了嗎？」，「我怎樣做會造成更大的貢獻？」

　　第四步，要有具體方案推動「團隊當責」，明訂個人、部門、專案，乃至流程目標，勇於授權授責。明決策、做評估、追後果；用 ARCI 模式讓角色與責任更清楚，「要求部屬負起當責」（hold people accountable）——這點還真難，柯維在《第八習慣》中的研究資料顯示，美國公司中，大約只有 10％的主管們會「要求部屬負起當責」。華人組織中，數據可能就更低了。

　　第五步，一定要有獎勵。要肯定或獎勵當責的成果、行

動、行為、態度,乃至思維;從「思維」、「態度」就開始給予肯定或獎勵!

第六步,當責的態度、行為與實務絕非一蹴可幾,亟需主管們做個「教練」(coaching):有回饋(feedback)也有前饋(feedforward)。方法包括如:

* 同理心傾聽。

* 承認/接受對方的事實、痛苦與掙扎。

* 問好問題;常問:"What else can you do?",以超越、克服目前處境,能逐漸轉向「當責」挑戰。

* 提供實踐當責的具體方法與流程,如第三篇中各實例所述。

* 承諾誠心相助,鼓勵報告進度,訂下追蹤時刻表——不只追蹤,其實真意是「追索」或「追討」!

再下一步呢?沒步啦!去做就是。

7.3 確立當責領導

領導組織,建立當責文化的靈魂人物正是組織的領導人。這位領導人除了對當責、個人當責、個體當責、團體當責及其應用工具,瞭然於胸外,也願領導整個組織成為一個

「當責組織」。最後，還要帶領組織接受外界有關「社會當責」的挑戰——最後這一部分，蓋為時代所趨，其所附加之組織責任與社會價值也越來越大。

領導人在領導組織，建立當責文化時，也必然接受當責文化的約束。一如英國邱吉爾的評論說：「開始時，我們塑造我們的架構；然後，我們的架構開始塑造我們。」（First we shape our structures, and then our structures shape us.）當然，領導人以後也還會再改變某些文化與價值觀，以迎向未來挑戰；只是未改變前，價值觀仍是公司的價值觀，也是「朕」的價值觀。如果「朕」可改價值觀故不一定要遵守價值觀，那麼，公司價值觀必然瓦解，並成為笑談。

領導人在領導「當責文化」時，也有一些原則如下可供參考（部分資料取材或演繹自《奧茲法則》一書）。

7.3.1 領導人以身作則，成為「角色模範」（role model）

* 採取與別人一樣的當責標準，甚至更高。
* 經常自問、也要求別人自問：What else can I do（to get results）？
* 請求別人給自己「回饋」。當別人回饋時，不宜事事辯解，總是虛心些；也給別人誠摯而具鼓勵性的回

饋,乃至「前饋」。

● 化教訓為教導教練（coaching），不必一直等到別人
  有了進度或成果報告；對自己上司的報告也不延遲。
  討論時，集中在「可控制」事件上，不要在「不可控
  制」事件上浪費時間精力，或陷入受害者循環。

7.3.2 承認無法控制每一件事

你無法控制全球經濟，為何老是抱怨經濟狀況；你無法
控制裁判，為何老是抱怨裁判不公？

個人當責專家約翰‧米勒談他父親康乃爾大學摔角教
練吉米‧米勒的經驗：不要抱怨你無法控制的事，你就是
無法控制裁判；所以，如果要贏，你要能打敗三個人：對
手、你自己，及裁判。

● 列出你所面對的不可控制事件，並分出等級。決定忽
  略某些等級的不可控制事件。

● 有些事你是無法控制；但，並不意味著你因此不必承
  擔當責。

7.3.3 勿陷入極端應用

● 不要從：「閉門思過，想來想去都是別人的錯」中，

悔悟而昇華到:「千錯萬錯,真的都是我的錯。」

🟡 不要強迫每個人、每件事都要應用當責或 ARCI,不
要當「思想警察」(thought police)因而常懷「動機
論」。

你不能強迫別人更誠實、更正直、更友善、更勇敢、更
可信任、更「政治正確」,或更「富有當責」;但,你可以
教導、引導他們——以身作則,真誠領導。

看來,領導者的挑戰越來越
高——尤其是領導這種軟性或軟硬
兼施的文化建設,要教之、育之、
導之。有些管理學者認為領導者
(leader)要確實做好領之、導之的

圖 7-7　擴大中的交集

工作,也漸漸與管理者(manager)的層次拉開,工作上也有
了越來越大的距離。但,英國領導學專家阿代爾卻從許多管
理實務中蒸餾出精華,他說,真正的領導者有如圖 7-7 中的
交集,而這個交集在未來的管理世界中,將會越來越增大。

「管理者」與「領導者」在現實世界中,無法涇渭分
明。「領導者」要建立文化、明確策略、領導變革,同時也
要達成年度目標、追蹤工作細節——正是「管理者」的工

作。「領導者」不是「最高領導人」專用,當然也會出現在組織的每一階段、每一個階層上,包括沒有正式「經理」頭銜的階層上。所以上述三原則原本是應用於最高領導,但也適用於各階層領導。

在本書結論篇中,我將完整呈現如何成為一位當責領導人。

7.4 提升組織當責的位階

康諾斯等三人在他們的「奧茲法則」中竭力闡述的是:藉由「個體當責」與「組織當責」,成就企業要達標致果(get results)的終南捷徑。個體當責可以蔚然發展成風氣、成文化,但更重要的是組織當責要校正、引導、滋養、茁壯個人、個體,與團隊當責。讓當責成為組織的競爭優勢。

對華人社會來說,有好幾個層次都有待突破。所需精力與時間也就多些、長些,挑戰也高些,例如:

● 你確實要「達標致果」嗎?或者,其實是且戰且走;反正「勝券」在握,因為大家都知道,這案子會是雖敗猶榮、沒功勞也有苦勞?

● 你瞭解並吸取當責的精髓嗎?當責在西方世界中,原

本是有些負面，已然校正。在華人世界中，卻是一片模糊，亟需澄清。更待認識、認同，與執行。

● 你要先建立個人當責，再對群我關係扮好個體當責，進而團隊當責？或由組織領導人啟動當責的文化革命？或由 ARCI 做為當責工具直接切入專案管理、振興團隊當責？最重要的是，儘速採取行動。

● 團隊當責及其所運用的 ARCI 法則可以幫助你更精準定義、更快速脫離華人世界中習以為常的角色與責任迷亂世界。

● 不重視文化經營的華人企業，常把建立企業文化看成「打高空」。當責的價值觀是眾多西方企業優勢經營的「柱石」（corner stone），我們的領導人願負起「組織當責」，迎向未來的當責世界嗎？

當責世界的下一個挑戰，與前述四種當責狀況已自不同。前述四種當責──個人、個體、團體，及組織當責，基本上是有感而發的、自動自發的、自由抉擇的，然後相互激勵、因勢利導、共抵於成。但，下一個當責，挑戰來自外界。外界的「利害關係人」開始覺醒，要求企業經營者負起當責──固然希望你能自動自發，但利害關係人最終總是會

走向「在一旁監督執行」的路。未來，如果經營者不只「被迫接受」，還因「理念不同」而忿恨難平，經營企業就會更辛苦了。

回顧與前瞻：

在許多的當責文化研討會中，大家都很熱烈地討論當責文化如何透過行為加予實踐。我們討論到許多正向行為，例如一家大型高科技公司的幾項實例是：

* 為了交出成果，不惜踩部門與階級之線。
* 願意站出來，捨我其誰地成為 "A"。
* 擇善固執，對的事情要能堅持，要有擔當。

另如一家大型金融服務公司的提議中，有三例是：

* 主動橫向與縱向溝通，不要以為對方都知道。
* 對客戶負起當責，不要讓客戶變成無頭蒼蠅。
* 對準目標，多做一點、多想一點、多加一盎司。

又如，一家大型醫院的護理部，有幾項正向行為是：

* 視病猶親——八竿子打不到的都是我的親。
* 捨我其誰——交給我，有我就搞定。
* 善意溝通，以當責為共同語言化解障礙。

還有些公司認為許多負向行為，觸目驚心，卻習以為

常，亟需改善。為了確實改變，也熱烈提出討論，條例整理，藉以警惕。

例如一家大電子公司有三例是：

❋ 老闆說了算。

❋ 這不是我負責的範圍。

❋ silo（本位主義）。

正向行為討論出來後，許多公司開始公告週知，在企業文化與團隊文化中還成為績效考核的一部分，也成為定期獎勵的一部分，讓當責文化很具體地由正向行為來實踐，也在不斷實踐中強化當責的個人、團隊與企業文化。

第 8 章

當責的最高層：
企業／社會當責
(Corporate / Social Accountability)

利害關係人的重要性不斷提升，當責的承擔已漸由自發轉
為被迫。如何掌握先機，再化被動為主動？這個旅程太困
難了嗎？看看幾個企業實例，有系統地瞭解在大社會層級
的整個「當責循環」（Accountability Cycle）

ACCOUNTABILITY

西元 1989 年，杜邦公司新的 CEO 伍樂先生（Ed. Woolard）剛上任未久，在一次公開演說中，卻做出了重大承諾——除了財務性績效目標外，他要帶領杜邦：

減少有毒氣體排放：60％

減少致癌物質釋放：90％

減少危險廢棄物：35％

當時，許多杜邦人都以為伍樂一時失去了商業理智，公佈了不可能達成的環保任務。外界也在一向保守的杜邦文化中以異類、叛逆看待伍樂。

伍樂說：「我們以後將計量（measure）每一件事，也將做出公開承諾（public commitment）。」然後，他找來 33 位當時的最高位階經理人，共同簽署了著名的「杜邦承諾」（The DuPont Commitment）。伍樂說：「我都已經公開宣佈了，現在是你們的責任了，開始工作吧。」

伍樂在 1997 年退休，畢業成績是：

減少有毒氣體排放：60％

減少致癌物質釋放：75％

減少危險廢棄物：46％

在這八年中，他把杜邦經營帶上另一個高峰。我躬逢其盛，與有榮焉；杜邦是環境保護與社區責任的模範生，幾乎

年年在有關調查與研究中都是數一數二的優秀，也是《財星雜誌》「最受尊崇」公司的常客。杜邦的營運績效更是迭創佳績，深獲華爾街分析師青睞。記憶猶新的是，股價翻了好幾翻；有一年，還是股價上升幅度全美企業第一名。

管理學家事後分析認為，伍樂並沒有失去商業頭腦，倒創新了一個管理概念：他公開目標、計量目標、公開進度、公佈成果，把「企業當責」（Corporate Accountability）轉變成了企業「競爭優勢」（Competitive Advantage）。

「企業當責」又是什麼？

8.1 企業當責及其四要件

美國德州萊斯大學（Rice University）著名的企業當責學者，艾普斯坦（Marc J. Epstein）在他的著作《計量真正重要的》中，進一步系統化地建構了「企業當責」。他認為，企業當責有四大要件，如下圖 8-1 所示：

圖8-1　企業當責四大要件

　　在這四大要件中，最重要的當屬「計量」——包括計量的項目與計量的目標，如確立項目、確立目標、評價價值，及評估績效等。第二重要的應是「報告」——包括內部報告與外部報告，報告內容也頗為廣泛。杜邦公司的前CEO伍樂先生，就很明確地掌握了這些企業當責要件，尤其是這兩項最重要的要件。

　　現在，讓我們進一步看看這四個要件：

8.1.1 公司治理（Corporate governance）

　　公司治理的基本立論是：董事會成員的完全獨立化。董事們要能確定CEO是在承擔當責，而自己也不是CEO的「甜心老爹」〔註〕並能對CEO提供幫助。《今日美國報》（USA Today）在2006年2月的一項調查中發現：在美國，

註：即"sugar daddies"；指對年輕女人一擲千金在所不惜的中年富翁。

GE 的董事會成員是對公司 CEO 提供最大幫助的董事們。亦即，在公司治理的最高管理層級上，扮演好 ARCI 模式中 C 的角色。

美國康寶公司（Compbell Soup）的連續幾任 CEO 對公司治理的模式有過很大貢獻，他們嚴格要求如：

● 外部董事要佔絕大多數
● 董事要擁有一定股權達三年
● 董事每年一選
● 董事需就獨立性、當責性、參與度、準備度，甚至道德操守接受評估。

8.1.2 計量（Measurement）

訂下績效評核的項目與標準。績效評核的項目，原來是很單純的財務性目標，現在已必須擴充到非財務性的目標。這些非財務性的目標還越來越重要，因為，它們通常又都是財務性目標的「驅動因子」（drivers）。非財務性目標又可分成營運方面的（operationals），與社會方面的（socials）。

企業目標最好要平衡，亦即，財務性的與非財務性的要平衡、內部的與外部的要平衡、落後型的（lagging）與領先型的（leading）要平衡。哈佛大學的柯普蘭教授十餘年前發展

的所謂「平衡計分卡」（Balanced Scorecard）系統，就是把這許多計量因子，有系統地分成了四個構面，這四個構面是：

1. 財務面：如營收、利潤、成長率、市值。
2. 顧客面：如客戶滿意度、市佔率、客戶抱怨事件。
3. 內部流程面：如準時交貨率、週期時間改進、流程建立與管理。
4. 學習成長面：如員工生產力、訓練時數、領導力培養。

這些計量因子訂下來後，各事業單位、功能組織、團隊，及個人的努力與績效都能因此上下銜接，並與公司策略連線而從中得到績效的有效評估。

8.1.3 管理系統

當你訂下大目標，選好計量項目與評估方法後，你開始承擔當責、採取行動，追求並交出成果；守住信用，也為人所信任。如果，你希望有持續性實質績效來自個人、團體、團隊、事業單位，以及整個組織，你就需要整個管理系統如：策略→目標→計量→專案→專案目標與預算→薪酬與獎勵→內部報告與審查→外部報告與審查→回饋至策略。

在這些運作中，管理軟體是成功的關鍵。這個軟體是：

個人當責→個體當責→團隊當責（含相互當責、合體當責）
→組織當責。

「組織當責」含有很重要的當責領導與當責文化；當責
文化又回頭強化了各階段、各層級的當責管理。

8.1.4 報告（Reporting）

「報告」指的是，將更廣泛的數據與資訊在公司內部與
外部做公開報告——這是企業當責一個亟待開發領域。很多
經理人認為公佈的資料已經過多了，但，不只是外部人，連
內部人都覺得不夠？企業在揭露資訊時，應思考如：

- 如何早一步揭露；如，比政府官員或有關民眾更早。
- 如何多一點揭露；如，更深入「一哩」。
- 如何好、壞消息都揭露；企業總是都會有好時光、壞
  時光，不該只報喜、不報憂。
- 發展更多的領先型與落後型指標；以供內部績效與決
  策之用，也供外部分析師、股東、客戶、業務夥伴等
  分析與預測之用。

利害關係人有權知道得更多，企業多了內部與外部報告，可加強內部創新與決策的品質與速度，也提供了外部所需的透明度與信任度。

8.2 企業當責循環

綜合來看，企業當責也構成了一個循環，比圖 8-1 更詳盡些，如圖 8-2 所示：

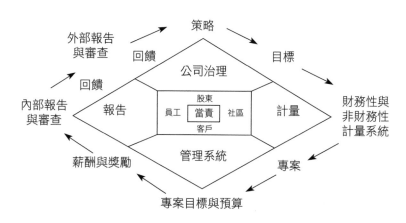

圖8-2　企業當責循環

(取材自：Marc J. Epstein："Counting What Counts")

這個「企業當責循環」的正中心正是「當責」，企業當責的所有組成分及其所代表的意義在此一元歸始。四周代表著企業當責所建構與利害關係人的關係，明示的是股東、員

工、社區與客戶的四種最基本的利害關係人。企業當責同時也有的四種基本要件，可以協助企業達成對利害關係人的承諾，也使企業提高透明度與信用度。

MIT 史隆管理學院在五十週年慶研討會中提出了三大主張，也公開要求領導人要透過公開、透明化，及當責，以建立並確保利害關係人的信任。

圖 8-2 的最外一圈已是一些執行細目了，較具特色的是，企業必須計量的重要項目已不只是財務性方面的，更包含非財務性方面，如：營運方面及社會方面的；非財務方面的計量是越來越重要了。

我們從個人當責談起，直到組織當責都是一種抉擇、一種覺醒、一種自發性，主動而積極地建立責任架構，以達成各不同階層不同階段的任務。但，從企業當責這裡我們已發現，有被動式與強迫性的驅力開始介入了，這個強迫性的驅力來自各種利害關係人。

8.3 與利害關係人互惠互利

「利害關係人」指的是：企業營運的結果會對他們造成影響，而且，他們的想法與做法也會對企業營運造成影響的

一些人與團體。狹義說就是上圖中的四種人：股東、員工、客戶、社區；廣義來說，包含可多，如：商業夥伴、供應商、機構投資者、政府法規制定者與執行者，與稽核者，乃至政客、納稅人，及一般大眾。

這些利害關係人原先並沒什麼力量來影響公司營運的。但，不論現在與未來，他們的力量越來越大，也越來越想對企業營運提供意見，並監督企業是否在執行？有無成果？大致來說，他們的力量來自：

● 媒體。

● 消費者主義越來越強勢而自主的文化。

● 大眾擁有越來越多的資訊乃至情報。

● 大眾在越來越競爭的全球資金市場、勞工市場、產品／服務市場，擁有越來越大的槓桿效應。

一個企業主動或被動地承擔當責後，別無選擇地必須學會與這些利害關係人相處，不只要管理他們的回饋與建言，也要證明雙方的關係是雙贏的——至少非一輸一贏、相互拉扯爭執的局面。許多先進企業，已實際展現了如何化企業當責為競爭優勢。

美國企業一位CEO說的：公眾當責（Public

Accountability）與公眾公佈（public disclosure）的時代已經來臨，在「自動公佈」成為標準化之前，剩下來的只是時間問題罷了。

8.4 成為一個當責企業之後

外界壓迫日增，企業當責的承擔與行動其實也有其企業內部的激勵與驅力的。建立當責企業後，也有許多前所未見的好處；例如：

* **提高決策品質**：因為公司內部有許多有用的數據與資訊在各階層之間快速而自由地流通，將有助於公司創新活動，及決策過程與品質的改進，避免太依賴直覺。

* **加速組織學習**：因為有良好回饋機制，讓利害關係人對公司活動有回饋，回饋有助於加速組織學習，快速回應公司內、外部變化。

* **成功執行策略**：因為有正確而平衡的評量項目、評量方式，在公司上上下下溝通、連結、推動，及檢測，有助於策略的成功執行。

* **激勵團隊活動**：因為目標清楚而且與公司策略有銜

接，制度透明、角色責任清楚、賦權部屬——ARCI 的 A 已盡量往下派任，因而激勵各團隊活動。

* **提升忠誠度**：可以激勵內部員工與外部利害關係人的互信及忠誠度。

* **提升企業形象**：因為企業當責的推動，在客戶、社區、股東、機構投資者、分析師、政府法規制定者、稽核者，乃至媒體與消費者組織中，建立透明、公信、誠實的公司形象。

8.5 企業當責的一個著例

耐吉（Nike）是一家家喻戶曉的跨國運動品公司，產品行銷全世界，但沒有自己的製造工廠。製造工作都以合約委託在印尼、泰國、南韓、中國的當地工廠。於是，設計、研發、製造、行銷、大明星廣告等作業，在世界各地分進合擊，營運模式靈活無比，營運成效也成功無比。

但，1988 年，所謂的「勞工事件」浮現；印尼一家地方報紙首先詳盡揭發耐吉製鞋工廠的惡劣工作環境。隔年，其他印尼報紙跟進報導，揭發了每天工資 86 美分的醜聞，隨後，又引發罷工事件。最後，耐吉上了印尼大報的頭條：

世界鞋業巨人「強姦」工人權利。

　　1991 年，西方媒體如英國電視與《經濟學人》跟進，報導了印尼耐吉合約工廠的惡劣工作環境；然後，媒體之火燒回美國。但，遲至 1994 年，耐吉才正式進行了第一次的印尼工廠「社會稽核」（social audits），耐吉形象持續受損，社會團體開始發動拒買活動，耐吉股價開始下挫，耐吉成了企業全球化的最壞榜樣。這時，耐吉還是自認很「委曲」的，因為製造工廠與工人都不是耐吉的，他們只是合約製造商、是供應商。這些工人不是耐吉員工，而是供應商的員工。世界上其他許許多多公司也是類似做法，所以耐吉一直是保持低調並封口的「實務」，希望靜待風暴過去。

　　但，社會觀點卻不然，社會認定的簡單事實是：耐吉「僱用」了其他公司為耐吉製造鞋子，不能免去耐吉對這些製造工人的責任。

　　直到 1998 年，耐吉的 CEO 耐特（Phil Knight）才在美國華盛頓的全國新聞同業俱樂部中，宣言為其全球約 600 處合約工廠的工作環境做出六項改善承諾：

1. 所有合約工廠的室內空氣品質，必須符合美國 OSHA 標準。

2. 提高工人最低工作年齡：全職 18 歲，兼職 16 歲。

3. 聘用獨立的非政府團體（NGO）從事工廠稽核。

4. 擴充工人教育計劃。

5. 擴編貸款計劃，以嘉惠越、印、巴、泰約四千家庭。

6. 資助大學研究，開放有關責任實務的論壇。

隨後，《紐約時報》以社論讚賞耐吉：「為其他公司所當做的，建立了典範」；從此，耐吉也認真執行他們所謂的CSR「企業社會責任」（Corporate Social Responsibility）計劃了。

耐吉最後終於接受了企業當責，並把企業當責置於企業策略的核心位置。但，社會仍耿耿於懷的是，為什麼要歷經十年之久才能認清？是企業的自大？無知？貪婪？或高度缺乏同理心？答案就不得而知了。

到 2006 年呢？耐吉也換了幾任 CEO 了，但他們仍是信守承諾，堅守企業當責。這年 10 月，《華爾街日報》公佈亞洲地區兩百餘家跨國公司與當地著名公司的調查報告，耐吉回到「最受尊崇公司」排名的第九名。

8.6 社會當責 8000（SA8000）

1997 年還發生了一件大事。國際 CEPAA 組織，也在這一年正式創立了簡稱 SAI 的「國際社會當責」（Social Accountability International）組織。提供了一套類似 ISO 9000 的 SA8000（Social Accountability 8000）制度，以透明化、可量測、可稽核、能證實、具獨立性的標準程序作業來驗證企業在總共九項重要管理專題上的社會當責績效；其目的在於：

● 證明企業對產品生產與供應的道德承諾。

● 促進企業的道德性採購活動。

這九項專題包括童工、強迫性勞動、健康與安全、結社自由與集體談判權利、歧視、懲戒性措施、工作時間、報酬，及管理系統等。目前，SA8000 也已成為許多歐美大企業在亞洲部分地區進行道德性採購所要求的標準之一了。

社會當責當然是當責的一部分，在前述的「企業當責循環」中的計量項目與方法項下，我們談到兩種計量項目，亦即：

● 財務性計量

● 非財務性計量

·營運性計量（operationals）

　·社會性計量（socials）

　「社會性計量」所延伸出來的管理系統、報告系統及公司治理，顯然相對上都太弱，有待加強；事實上，在社會性計量項下的許多項目，原先是與公司贏利似乎毫不相關連的，但，現在已經都列入公司競爭優勢的排序中了。

　今天，大部分的領先企業都已介入了下列專題，如：環境績效、平等雇用權、國際勞工標準、道德商業行為，及企業捐贈等。社會計量項目的適當選用，依公司、依工業、也依策略而有所不同。

　企業要持續、永續發展，計量項目應取得平衡。企業界原先只重財務性、不重非財務性，後來發現非財務性項目通常是財務性項目的驅動因子；同時，在柯普蘭教授多年來「平衡計分卡」的推動下，企業開始重視非財務性指標，並在公司長、中、短期策略下，取得適當平衡。只是，非財務性項目下，兩項指標中的社會性指標，仍然未獲得應有重視。這些指標，以後終究要成為公司整體競爭優勢的一部分的。

　底下，我們依平衡計分卡模式，在各利害關係人項下，分析一些可能的社會性計量指標，做為樣本以供參考，也許能更系統化也具體化執行企業／社會當責。

利害關係人	社會性計量指標
股東	企業聲譽 道德行為標準 有毒物質排放
客戶	國際勞工標準的遵從 產品的環境影響 客戶滿意度 產品安全性 已回收及可回收百分比
員工	雇用的多元性 管理的多元性 托兒服務及滿意度 對家庭友善的工作環境 員工滿意度 設施的環境品質
社區	公眾健康 志願服務社區時數 社區滿意度 天然資源的消耗性 環境衝擊指數 危險性廢棄物處理 包裝用量 新工作創造數

（取材自：M. J. Epstein 所著〈Counting What Counts〉）

因此，在現在與未來的經營環境裡，經理人不只在企業內部要贏，在企業外部也要贏──贏在資金市場、在勞工市

場、在人才市場、在客戶市場、在供應商市場、在社區,乃
至於在社會的支持上。那麼,經理人要重視的將不只是個人
當責、個體當責、團隊當責,與組織當責,還需再加上「企
業/社會當責」。

　　準此,當責已不再只是一種外加的工具或規畫,它是企
業基礎的一部分,它必須成為經理人基本技術配備中的一個
重要組件,它事實上也是生活的一種方式。

8.7「企業/社會當責」的綜合用法

　　在本書架構中,「企業/社會當責」是綜合了許多國際
文獻上的分歧說法與用法的,這些分歧的說法與用法如:

　　1.Corporate Accountability:企業當責

　　2.Corporate Responsibility:企業責任

　　3. Corporate Social Responsibility:企業社會責任,簡稱
　　　CSR

　　4. Corporate Social Accountability:企業社會當責,簡稱
　　　CSA

　　5.Social Responsibility:社會責任

　　6.Social Accountability:社會當責,簡稱 SA

最近，最常被引述的，可能是上述第三項，簡稱為 CSR 的「企業社會責任」，國內許多企業主、社會學者，都已耳熟能詳，幾乎已泛用為代表性用辭。CSR 沒有單一定義，一般是指企業持續不斷地承諾：以合乎道德的作業，對經濟發展有所貢獻；並同時尊重該企業所涉及的人、社區、社會、與環境。CSR 可能涵蓋有不同的規範與規章，其中最有名的當為第六項 SA 的 SA8000 了。SA8000 含有九項國際標準的規範，已與 ISO9000 一樣有名了。另外，美國《財星雜誌》自 2005 年起，每年 10 月公佈了針對六十餘家超大型國際公司，在有關 CSR 議題上的執行成效，稱為「當責評等」（Accountability Rating）。2006 年 10 月，第二度公佈名單中的第一名公司得分 72 分，最後一名的第 64 名則為 0 分。2007 年 11 月，公佈正好一百家，英國石油（BP）重回第一，得分 75.2。最後一名則為一家著名的百貨連鎖業，得分僅 8.9。綜言之，上述六種常用語是殊途同歸，都在期盼或要求企業能有效擴展他們的關懷活動至企業的利害關係人。利害關係人則從狹義的員工、顧客、股東，與社區，擴展到廣義的供應商、投資夥伴、政府單位、納稅人乃至普普大眾。關懷則含有：增加企業投資在社區、員工關係、就業

創造與保護、環境保護,及自身的財務績效等。

社會責任(Social Responsibility)與社會當責(Social Accountability)原是相通的;就本質上來說,在「社會責任」中,企業是以一種可信的、可靠的、值得信賴的方式,在進行商業活動。依靠的是志願的、自我約束的方式。但,在「社會當責」中,企業必須依循規章或法定要求,以推動業務,否則企業負有義務或面臨制裁;此中,常有獨立的監視及執行機制介入,以確保符合規定。所以說,一邊是自動自發,越做越有勁;一邊是公眾要求越來越多,監視越來越緊,也越來越要求資訊公開透明。

美國前總統布希在一次對華爾街的演說中強調:自我約束是很重要的,但仍然是不夠的。許多志願性、自我約束型的「社會責任」專案活動,多歸失敗。揆其原因,不外如:

* 缺乏特定的規定或責任
* 無需對外公告成果及其影響狀況
* 無獨立性機構確保其符合規定
* 無法授權利害關係人監視公司在失敗時負起應有義務
* 企業也缺乏夠強的動機獎勵機制

就字義與原理來說,當責原是偏向志願的、自動自發

的；例如，在個人、個體，及團隊當責中所強調的「毋需揚鞭自奮蹄」般的境界；但，延伸至社會當責時，卻已偏向由社會與媒體外來施壓型的了。「當責」概念中有關計量、信賴、說明、信任、公告、成果，與後果等的概念，也在「社會當責」中找到著力點。所以，事實上，國際社會除了積極推動 SA8000 及含有 SA8000 的其他標準外，在實質上也逐漸由鼓吹 CSR 轉向 CSA 的內涵了。

最近許多研究也顯示，一個真正承諾 CSA 或 CSR 的企業組織，每能創造如下列許多價值——增強吸引新顧客、增加顧客留存率、增強品牌形象、增強吸引優秀人才、增加員工交互訓練、提高員工留存率、勞工更有承諾更受激勵等。簡言之，是提升了人、事，與物的軟性價值，這些軟性價值很快地又反映在公司硬生生的財務下線（bottom line）上了。只是，這些硬生生的財務下線數字中，有多少是真的來自那些「軟性價值」？沒有「同位素」般的追蹤，有些人還硬是不信！

2011 年，在國內發生的塑化劑添加入食品與藥品風暴中，被捲入的是無數大大小小、好好壞壞的公司，他們居然長期地、有意無意地在食品藥品中添加了有害人體健康的可塑劑。義美食品公司是顯著的例外，他們不只這次全然脫身

於塑化劑風暴之外，也脫身於昔日的瘦肉精及三聚氰胺牛奶添加劑兩大風暴之外。外界的解讀是，義美擁有六、七千萬價值設備的精良實驗室，其中還有台分析威力無比的 LC（液相呈層分析儀），單價高達一千兩百萬，非其他公司財力所能購買。董事長高志明先生立即否認，並說明他們能避開這些風暴的利器不是 LC，而是「兩理念，五原則」。

兩理念是：一、做餅是老實人的行業，是良心的事業；二、勤儉是家本、是國本，更是環保的根本。

至於五原則，則是應用在採購原物料上，包括合理看待原物料來源與價格及交往對象，也要擁有強大的檢視能力，除了認真驗收外，也同時具有嚇阻效用。高志明董事長說，七、八十年來，義美就是這樣平實地經營著。

這「兩理念，五原則」的軟體才是制暴利器，才是競爭優勢，也正是企業／社會當責的實體與實例。

回顧與前瞻：

個人有個性與風格，企業也有個性與風格，因此有管理學家說，企業有時很像個人，個人當責的實踐並不容易，企業當責更是一條漫漫長路，但長路彼端已是微光乍現，有時又像燈塔般地明光閃亮，可是大部分的人與企業還是看不

見，或理不出頭緒而充滿著狐疑。

個人與企業的成功，最後必然是要與社會有正面連結的，否則成功會是孤獨的、蒼涼的、甚至是，負面的、有害的，在實質上是失敗的。

企業當責已是一條必走的路，在非財務性計量項下，有一項是社會性計量，它的許多指標，許多優良公司已在執行，但另有許多公司仍是視而不見。就像在公司訂目標中，絕大部分的公司對非財務性指標仍是視而不見，年復一年只在幾項財務性指標上悉力以赴拚博不已。

在我們許多當責研討會中，我們開始走入非財務性指標，討論最多的常是「成長與學習」目標，例如，你在明年中，或在這個專案裡，要為組織培養幾個人才？更精確地說，是培養幾個公司層級足堪大任的 A，也就是 ARCI 中的 A？或者把 ARCI 中的 R 由最低責任層級的第一級，栽培到最適層的第四級（請參閱第 12 章內容）？

由表面的績效表現追蹤到背後的驅動因子、由財務指標到非財務指標、由負責到當責、由個人當責到企業／社會當責，這些是一條少有人走的路，讓我們一起安步當車、堅定前行，走出個人與企業一條真正成功之路。

3

當責不讓以經營
自己領導團隊

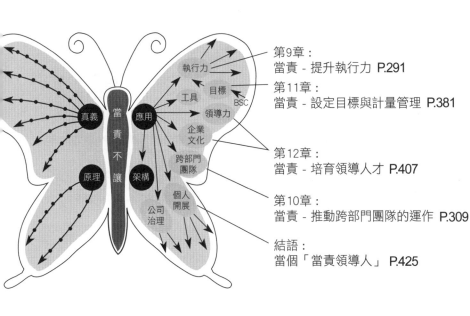

「當責」的真義、原理、架構、應用及蝴蝶之舞

心裡深處的一個小悸動，可能會在行為、行動、成果、成就上造成巨大效應。

本書開宗明義就是要以「當責」為理念、為架構，來經營自己、領導團隊、組織及機構，最後並期待這些領導人能對我們的社會能提供更高附加價值。因此，在第一篇中，我極力澄清的是當責的真義，及其運作原理；並對當責的實用工具 ARCI 有詳細論述，也輔以十一個實例具體說明其應用。

所以，第一篇已具體而微，從概念，到原理，到工具，到應用；已然整體呈現「當責」在現代管理中的價值。繁忙的工商界與組織機構人士看完第一篇後，即可即知即行、當責不讓，以提升經營自己、領導團隊與組織的能力了。

第二篇又進了一級，提出了當責的完整架構。從最基礎、最核心的「個人當責」開始，拾級而上，完整彰顯全架構中的不同範疇、不同層級的個人當責、個體當責、團隊當責、組織當責，及社會當責；從一千英尺高空看清楚難得一見的「當責金字塔」全貌。在金字塔層級結構中，當責也由自我抉擇、自動自發的基本特質轉成為有外來壓力介入，且外來壓力與日俱增、越來越大的「社會當責」。

因此，在第二篇的架構中，我們或許可以發想：個人如何先鞭一著，在思想及行動上，先人一步。不抗潮流、不後潮流、甚而引領潮流、帶動當責新潮。如果，你是高層領導

人，站在「組織當責」的浪頭上，更清楚何去、何從，更容易對內、對外，都成為一位卓越領袖。

以邏輯架構看清大趨勢，讓人避免迷思與迷失。

在這整個經營環境中，經營自己是最核心的一環，「當責不讓」是最重要的特質風範。當責不讓後，領導力不斷提升、領導範圍不斷擴大，被領導的人，或說是追隨者（followers）也不斷增多。要面對的「利害關係人」由最近的部屬、同僚、長官，擴大到顧客、社區、供應商，最後再繼續擴大到投資人、政府，乃至納稅人與一般大眾。從他們是「何許人也？干我何事？」，到他們是「利害關係人」——居然有利害糾結？是的。

在這個從經營自己，到加值社會的漫漫長路上，將有不少、不斷的掙扎，及掙扎後的一段清明；然後，又一次的掙扎；但，當責將總是個核心價值觀，陪你渡過這些亟需當責不讓、一以貫之的領導之路。

本篇中，偏重當責的實際應用，都是在諸多研討會後與顧問期間所整理出的。在應用中，除了概念與工具外，還有一個重要環節：流程。流程可以讓你在應用中，更為順暢自然、更有節奏感、更加順理成章。其實，第一章中已介紹過的：正視問題→擁有問題→解決問題→著手完成，即已被

視為一種流程；還有公司簡稱之為：SOSD（See It, Own It, Solve It, Do It.）的流程。

SOS 是救命訊號，再加個 D（Do It!）就成了。

以下另述的是，一個更「簡單」、更典型、更具綜合性的流程。

當責應用的「簡單」流程（SIMPLE Process）

布來恩‧米勒（B. C. Miller）在他 2006 年著作《讓員工負起當責交出成果》（Keeping Employees Accountable for Results）中，引述前人說理，綜合出一個「簡單」流程——"SIMPLE"。只是，是簡單，也似老生常談，國內外管理書好像也沒什麼新主意了；但，你確實做了沒？

S：Set Expectation；把組織、部門、團隊、個人的目標（即 goals, objectives, targets）理清楚、寫下來，並釐清角色與責任。

I：Invite Commitment；對員工說明來龍去脈、前因後果，討論輕重緩急、利弊得失；以取得員工的「買帳」（buy-in）與承諾。

M：Measure Results；訂定有效、公平、簡易的衡量方

式與工具，衡量真正重要的成果、計算組織真正得失；在最後成果完成前，加入中間階段性的「里程碑管理」。

P：Promote Feedback；鼓勵員工回饋意見或建議，並積極回應；重視態度、行為，與行動。「回饋」可以創造「當責」力道，實踐教練更應給員工「前饋」。

L：Link to Consequences；先商談好該負的「後果」，為思想、行動及環境，承擔後果。主管應給予適當、適時的支持。後有追兵，前景更明。

E：Evaluate Effectiveness；為「完成什麼」、「如何完成」負起當責，針對「目標」評估實際所完成的「成果」，才是最後的「成效」（effectiveness）。

SIMPLE 的流程是個老生常談的執行過程，但，當有「當責」的概念主導並貫穿其間時，必然造成很大不同。本書第三篇後面四章為有關當責應用的篇章，將由實務面討論：當責在執行力提升、跨部門團隊運作、領導人才培養，及目標訂定與計量管理方面的應用與貢獻。

應用，是多樣多面、多彩多姿的；中國人說「運用之妙，存乎一心」。所以，只要把原理、原則弄通了，後面就

可以盡情發揮了。在這複雜無比卻亂中有序，又事事相連的事業與人生大環境裡，你心裡深處的一個小小悸動與感動，是有可能在外圍複雜大處境中引發巨變的。

當責應用與蝴蝶之舞

2006 年春，我曾兩度參訪「舊金山現代藝術博物館」（SFMOMA），都看了隆巴第（Mark Lombardi）的畫作 "UPI Saga"。隆巴第使用各種線條的視訊系統，將一些常被隱沒的人、地、事的連結資訊網路，畫入畫作中；使一件商業行為的「UPI 大型併購發展圖」成為藝術。畫作也雀屏中選，成為館藏。

觀畫歸來，有感而發，也把「當責」中經常隱沒不見的許多人、事、時、地資訊也嘗試連結在一起，冀成為網絡；這個網絡，竟狀似蝴蝶，展翼欲飛，如前圖。圖中左翼綜理當責真義與原理，右翼綜觀當責架構與應用；上下兩端，上窮碧落下黃泉；或為無窮大，或歸趨於零，有無限發展空間。

蝴蝶有一個「蝴蝶效應」。「蝴蝶效應」指一種現象：在一個複雜系統內某處的一個小變化，能在別處形成巨大效

289

應；例如，在巴西首都里約熱內盧的一隻蝴蝶舞動蝶翼，可能在美國中西部的芝加哥影響了天氣。說明的是，生態系統的錯綜複雜、劇烈變動，與不可預測性。

　　當責的蝴蝶之舞，想像的是，心裡深處的一個感動，可能可預測地在行為、行動、成果，與成就上，形成巨大效應。在醜醜的蝶蛹變成美美的蝴蝶前，也有一段動人的傳說。據說，有個人在觀察小蝴蝶正要破蛹而出；首先，發現在蛹上出現了一個小洞，但過了幾個小時，才見到裡面的小蝴蝶還在用它細小的身體要奮力掙扎而出。又隔了許久許久，也沒有什麼進度。於是，這個人找來了利剪，幫忙剪開了蛹的一頭，於是，小蝴蝶輕易地爬出來了。但，身體臃腫，翅膀細弱。這人繼續觀察，卻愕然發現：小蝴蝶臃腫的身體沒變小，細弱的翅膀沒變大。後來，只能在地上爬，卻永遠也不會飛了。原來，從小孔奮力掙扎而出，是個必要過程。小蝴蝶因此得以將體內體液壓進翅膀裡，讓身體變輕盈、讓翅膀變堅硬！所以，少了這段奮力掙扎的過程，就少了一隻翩舞的美麗蝴蝶。

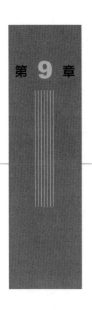

第 **9** 章

當責——
提升執行力

當責如何在包熙迪的執行力三流程、三基石,或華人更熟悉的戰略、戰術、戰技、戰鬥,與心戰／文化戰中適切產生作用,提升執行力?當責不是新的外加元素,而是在舊有渾沌中再澄清、再沈澱後的精準運用。

ACCOUNTABILITY

當責是提升執行力的一個「關鍵性成功因素」（簡稱 KSF, Key Success Factor； 或 稱 CSF, Critical Success Factor）。

包熙迪與夏藍在他們的暢銷名著《執行力》中，對執行力如此下定義：把事情做成的紀律（The discipline of getting things done.）。換言之，執行力是一種紀律，一種「成事」、「交出成果」的紀律。

9.1 當責如何提升執行力？

首先，我們還是先想想：為什麼沒有執行力，沒有「交出成果」來？我們在進行了許多座談、研討會後，發現原因不外如：

- 目標不明，或不當過高。
- 市場變化太快，原有條件不再，或「被顧客陷害」？
- 權責難分，老闆不夠支持；預算不足，人員中途流失。
- 人才不足，人力不足，屬下無能又誤了事。
- 不擅長管理、也不重視管理，一切儘是技術掛帥。
- 不知要有備案（back-ups 或 contingencies）；意外出現

時，就掛了。

● 不善追蹤（follow-up）或追蹤不力，妥協太快。

● 政府法規制約或改變，讓人徒呼負負。

● 前任遺害，無力回天；正想另起爐灶，不想續淌渾
水？

● 內部上、下、左、右鬥爭太嚴重，「他們」不肯合作。

● 景氣不佳，天氣有影響，運氣也不好。去年此時就很
好。

● 領導人意志不堅；臨陣遲疑，害死大家。

● 溝通不良；處處有脫勾（disconnects）與鬆脫（loose
ends）。

原因林林總總，實不勝枚舉。一場 "blamestorming" 下
來，你就處處看到了「當責不再」的影子了。這些原因（或
藉口），國內、外企業人皆然，人同此心，心同此理，算是
人類的共業；所以，包熙迪對「執行力」下了如下簡單有力
的結論：

● 沒有單一致勝武器——我想，這點頗令國內眾領導人
失望。我們總想一招致命，一舉制敵。

● 不僅是紀律，也是一種系統架構。

* 有三個重要的核心流程（core processes）。

* 有三個軟性的建築基石（building blocks）。

* 是領導人的首要工作。

* 必須成為組織文化的核心部分

「一張圖勝過千言萬語」。於是，我把這個系統架構用圖形來表示，亦即圖9-1，如下：

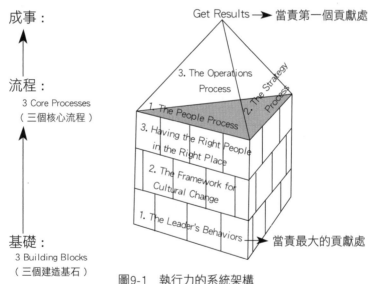

圖9-1　執行力的系統架構

　　三條流程加三塊基石的英文更加平實易懂，所以本書保留原文以更助溝通。看官如欲快速窺探全貌，可參閱暢銷全國的中文譯本。在這座「執行力金字塔」——是真正的金字塔，連應深藏地下的基座都清楚顯現——我們看到了平常人

看不到的地下三層基礎結構，也看到了平常也被人輕忽，卻高懸在上的 "get results"！

當責第一個形成影響力並提升執行力的地方是當責自始至終要求成果，要求圖9-1中高懸在上卻常被人輕忽的 "get results"！記得「承當責，為成果」（accountable for results）的說法嗎？從第一章到這一章所有內容中，「當責」與「成果」兩者總是形影不分、如膠似漆、焦孟不離。

「當責者」的嚴謹訓練絕不可能再輕忽「交出成果」。

「當責者」在那座「執行力金字塔」的塔尖，裝上了一顆奪目的明珠，任誰也不會視而不見。

但，當責貢獻出最大一個影響力，並提升執行力的地方，卻是在第一層基石的「領導人行為」部分。

在包熙迪與夏藍所提出的七種關鍵性領導人行為中，每一種領導人行為都直接、間接與當責有關。其中有兩種行為更特別點明「當責」的作用，如：

● 在「設定明確目標與優先次序」項裡，包熙迪在接受美國《商業週刊》訪問時即暢言，該項中所述，其實都是談「當責」，只是談得比較委婉些罷了。

● 在「後續追蹤」（follow through）項裡，他們單刀直

入，說明企業界最常見的執行力失敗主因是：「沒有
人被指名承擔『當責』。」這個英文 "accountable" 在
一般中文中都譯成「責任」。譯成「責任」或「負責」
後，原味盡失、重點全無、甚至了無新意了。

當你瞭解「當責」真義後，重看本項時，必然是：心頭
一震或聳然而驚；「當責」是要一夫當關，當仁不讓的！

「後續追蹤」（follow through）一詞，原來盛用於運動
界。意指，一擊中的後，仍需完成許多後續動作，始可竟全
功。例如打高爾夫球，你在擊球的下揮桿時，精準地在圓弧
切點上，卯足全力以「甜蜜點」正撞小白球，漂亮極了！
但，一擊中的後，絕不可得意忘形，你得繼續完成後續揮
勢，直到完美收桿；否則，小白球仍會失常，不是左鉤、右
鉤，就是碰地、下墜，前功盡棄。同樣的原理也適用在網
球、桌球、籃球、棒球，乃至溜冰、滑雪。沒有「後續追
蹤」就不會有完整、完美的結局；真正的「後續追蹤」能讓
各種頂尖運動高手「優雅、美美地」完成艱鉅任務。

在企業運作中，或借用 follow through，或轉用 follow
up，在在都在提醒：一招奏效後，許多後續工作仍有待推
動；不可得意忘形，不要以為成功在望。在這個多變的環境
裡，好的開始肯定不到成功的一半，一成都不到，一定要繼

續追蹤。「追蹤頻度」與「員工對當責的認同度」也有莫大關係，有一份調查研究報告圖示如下：

（參考資料：J. L. Lindland, President, Qual SAT, Inc.）

　　舉例來說，如果你的屬員對當責的認同度，只有50％，那麼，你的追蹤頻度應是每週一次，輕忽不得；如果，當責認同度趨近於 0 ％，那麼，你可能上一片刻交待工作，下一片刻就需追蹤，成了不折不扣的「微管理」（micromanagement）。往好的方面看，如果，當責認同度趨近 100 ％呢？也需追蹤，是每季追蹤；成了最成功、最不擾民、最尊重員工，又可交出成果的「目標管理」了。

　　當責讓「後續追蹤」不會成為艱鉅難行的任務。

　　不必追蹤而有成果者，幾希矣！管理一個通律是，「你

能達成的是：你一再查核的事，不是你一直期望的事。」
（You achieve what you inspect, not what you expect.）

9.2 當責是執行力的靈魂

談執行力，你不能不提包熙迪與夏藍，還有他們暢銷世界的名著《執行力》（Execution）。也許，提多了令人心煩；但，世上又有幾人能如包熙迪一樣？他接手經營一家管理稀鬆的一百餘億美元營收的公司後，連續三十一季（約八年）每季 EPS 成長都大於 13 ％！他分享實務經驗，再佐以「著名 CEO 私房教練」兼哈佛名教授的管理學大師夏藍的顧問經驗；所以，還是耐住些性子聽聽吧。

當責在包熙迪與夏藍的三層基石與三大流程中，都貢獻出有力的行動工具、行為、態度，與心理建設，乃至工作價值觀；從最基本、最人性面的深層，推動執行力，無所不在，宛若靈魂。

在三大流程、三層基石中，處處可看到「當責」的蹤跡：

* 當責的基本態度與行為；再注意到的是，「當責」與
  一般的「負責」在責任層次上的差距。

- 個人當責；尤其在所有三層基石上。

- 個體當責；尤其在「人力流程」中。

- 團隊當責；尤其在「操作流程」中。

- 組織當責；尤其在三層基石裡的第二層「文化重建」基石中。

- 企業當責；尤其在「策略流程」中。

當責，可以讓你在許多模糊不清、模稜兩可的處境裡，更精準地看出問題、承擔問題、解決問題。

> 「沒有清晰的『負責』與『當責』，執行計劃將一事無成；了解如何達成這個清晰度，將是執行成功的中心重點。」　　——赫比尼克，賓州大學華頓管理學院教授
>
> *Without clear responsibility and accountability, execution programs will go nowhere. Knowing how to achieve this clarity is central to execution success.*　　*——L. G. Herbinick*

　　或者，換個角度，以華人比較熟悉的語言來說明。那麼，執行力也是一套系統架構，而非單一武器、一蹴可幾。它包含了中國兵法中的五個層級，亦即：戰略、戰術、戰技、戰鬥，及心理戰／文化戰。

這五個層級，在實戰中，總是有高低層次差異，難以完備；所以，執行力的高低可大分為三個等級，如圖9-2所示：執行力大師、執行力大帥，與執行暴力派等三級區。

	執行暴力派：	執行力大帥：	執行力大師：
戰　略：	——	——	✓
戰　術：	——	✓	✓
戰　鬥：	✓	✓	✓
戰　技：	——	✓	✓
文化戰：	——	——	✓

圖9-2　執行力的三個等級

「執行暴力派」是行動第一，以各場戰鬥為主，偏向嚴刑峻法，其勢強攻猛打，希望每戰必贏，否則「提頭來見」，打贏後則有大獎；因此，常見到的是血淋淋的一面。一般企業戰場上，卻又屢見不鮮。他們成敗經驗累積夠後，會向上提升一級，成為「執行力大帥」。

大帥不嗜血，不太愛「戰場惡鬥」，開始有更多「戰術運用」；然後，再在另一個方向上，也很自然地向下推進一級，想到磨礪以須，需要加強各種「戰技」。於是，執行成功、交出成果的機會大增；但，大帥總是「少了點什麼」似

的，也不斷從惡戰中學習；最後發現「戰術」不足以對付如此詭譎多變的世局，於是「戰術」再往上升級，到了「戰略」——希望「有遠慮，無近憂」地，多看兩三年，希望學學古賢「運籌惟幄之中，決勝千里之外」，也決勝三年之後。另一方面，同樣地，除了提升「戰略」外，硬性的「戰技」也必須再往內精煉，以期爐火純青而進入軟性的「心理戰」。「心理戰」開闢了另一個廣大的學習與爭戰的空間，後來再蔚成組織「文化戰」。

終於，「執行力大帥」成為「執行力大師」。原來，「少了點什麼」是少了那一橫，那一橫可不容易，是「困知勉行」、「殫精竭力」後分別往上、往下又推進的一層。

「執行力大師」於焉形成，他具有戰略、戰術、戰鬥、戰技，及心理戰／文化戰的全面觀。「當責」則以個人當責、個體當責、團隊當責、組織當責、企業當責的形態，無時無地，相輔相成；時而循序漸進，時而幡然大悟，以推動組織的各個變革過程。

當責軟體，無所不在，宛若靈魂。

9.3 當責是一種紀律

紀律，是國內企業組織、社會結構乃至個人特質中，都比較鬆弛的一環。

「紀律」的英文是 discipline，源自拉丁原文的 disciplina。原是當時受教育者的用語，指的是一種井然有序的生活與工作方式；或者，一種強調把結構（structure）加諸生活與工作的必要性。

《韋氏字典》這樣定義「紀律」：

* 修煉；尤指一種特定的行為或人格。
* 守律；一種服從定律的受命狀況。
* 懲罰；因改善或訓練需要而進行者。
* 學科；學識或教學上特定的一支。
* 就是一套行為準則或方式。

紀律的目標是，在創造一個有秩序的環境，形成一種正向的文化，以達成事業與生活的成功。

企業界對「紀律」最令人動容的描述是，柯林斯在《從 A 到 A+》書中所描述的一段真實故事。故事主角名叫史高特（Dave Scott），他是夏威夷鐵人三項競賽的六次冠軍得主。他在訓練時，平均每一天要騎車 120 公里、游泳兩萬公

尺、跑步 27 公里。他相信,低脂高碳水化合物可多增加一份耐力與優勢,於是,他每天吃乳酪時,還要先沖洗掉乳酪上的油脂(原文稱 Rinsing your cottage cheese!)——雖然他每天已激烈燃燒 5000 大卡的熱量,而乳酪上油脂只是微乎其微、纖纖之數,但,不要就是不要,紀律就是紀律。

柯林斯本人是職業級水準的攀岩專家,太太曾是越野賽的女鐵人,所以對這種紀律要求也是親身歷練。他稱這種紀律是超級紀律(super-discipline):每天多拿掉一份油脂,每天都向前推動一小步。每一家從 A 到 A+ 的公司都如此行事,十分簡單、也十分艱難。

柯林斯著名的管理暢銷書《從 A 到 A+》,全書大書特書有三大主題:有紀律的人、有紀律的思考、有紀律的行動。

有人也在擔心,這種結構化、特定化、井然有序的紀律會不會影響組織的創新?柯林斯還曾細心說明白,像安進(Amgen)與亞伯特(Abbott)這樣的優秀公司,怎樣在嚴格紀律之下,活躍創新並成為卓越公司。

紀律不只不會傷及創新,還有助於創新;英特爾公司前 CEO 葛洛夫也曾挺身而出、仗義執言。台灣企業家宣明智在他的《管理的樂章》中也如此描述:「如果你碰上一個

競爭者，同時兼具紀律與自由度兩種特色，最好趕快閃遠一點；當他們的競爭者，一定很辛苦，像 Intel 或 TI，都曾讓對手吃足苦頭。」

《聖經》是西方文化與文明的最重要源泉，在「箴言」第一章中說：「愚昧的人藐視智慧與紀律。」（fools despise wisdom and discipline.）

> 「自由（*freedom*），並非沒有結構（*structure*）；而是有一個清楚的結構，讓人們可以在所建構的邊界（*boundaries*）內，自治式、有創意地工作。」
> ——佛洛姆（*Erich Fromm*），德國心理學家與社會學家

紀律不是老闆用來對付下屬的。蘇元良先生在他的《嗥嗥蒼狼》書中描述的「中式」的紀律是：「怕老闆如遇瘟神」，與「西式」的紀律有何不同的運作方式呢？常常是這樣的：

中式：表面的、「朕」的、假象的、嚴厲的、非人性的。

西式：律己的、深層的、承諾的、嚴格的、原則的、價值觀導向的、老闆部屬一體適用的。

我們要的是真正的紀律，這種紀律會「創造一個有秩序

的環境，形成一種正向的文化，以達成事業與生活的成功」。

　　其實，創新本身就是一種紀律——「好主意」滿天飛、「創意」四野奔馳；「創新」則是將「好主意」、「創意」化為對顧客、對自己公司具有價值的新產品或新服務的一套流程。既是流程，就是一種紀律。

　　執行力是一種紀律——一種把事情做成的紀律。一種「成事」、「交出成果」的紀律。一位佚名的企業家有個具體有力、相互輝映的說法：紀律就是知道什麼事是必須完成的，然後確定那件事確實可以完成。有執行力的人嚴守紀律。

　　當責是一種紀律，是一種具體、特定的人格養成與一套行為方式。如果我們對第一篇與第二篇的內容做個回顧，那麼，當責是：

- 承擔全責；為自己的思考負責、為態度負責、為行為負責、為績效與後果負責；同時擁有因與果，因此為自己與環境負責。他們嚴守成事、交出成果的紀律。

- 傳承原義；要算清楚的、需報告的、可依賴的、能解釋的、知得失的、負後果的、重成果的。

- 運作有三種重要模式；都在避免陷入「受害者循環」

而導致「完全地自我挫敗。」

● 有完整架構;六個層次,拾級而上;但仍以個人當責
為其最基礎、為其核心。

● 是一種價值觀、概念、態度、行為、行動、流程、架
構與工具,用以領導他人及經營自己。

● 是管理的靈魂、是領導的靈魂、是那「一以貫之」的
領導之道。

　　做為一種紀律,當責也是國內企業組織乃至社會結構中
比較鬆弛的一環,今後勢將有它許多令人動容的故事,也將
會有它令人擔心、宛如雙面刃的事;但,爭執將逝,當責長
存。

　　同為一種紀律,當責與執行力有很大交集;交集處是人
心、人性的軟性面,是執行力的靈魂、是提升執行力的一個
關鍵性成功因素。

　　做為一種工具,當責同時也讓紀律更深入人心、更有脈
絡可尋、更具體可行,也讓執行力找到了更堅固的憑據。

> *「馬匹無法到達任何地點——除非被套上馬具；蒸汽與*
> *燃氣無法驅動任何器具——除非被制限在氣筒裡；尼加*
> *拉瀑布無法轉換成光與電——除非被導入水道中；生命*
> *無法成就偉大——除非聚焦、熱忱奉獻、嚴守紀律。」*
>
> ——佛斯迪

> *No horse gets anywhere until he is harnessed; No steam or*
> *gas ever drives anything until it is confined; No Niagara*
> *is ever turned into light and power until it is tunneled; No*
> *life ever grows great until it is focused, dedicated, and*
> *disciplined*   *——Henry Emerson Fosdick*

回顧與前瞻：

　　當責就是要交出成果，沒有交出成果就是失敗，失敗就是失敗，沒有雖敗猶榮。宏碁集團創辦人施振榮先生說：「只有承認失敗，你才能重新站起來。」和信治癌醫院黃達夫院長說：「承認錯誤，是做對的事的開始。」

　　在一次研討會上，有位高階主管提問：當責會不會太「鐵血」了？我隨口直答：當責不是鐵血，當責是一種紀律；是有紀律的人、有紀律的思想、及有紀律的行動，最後才是有紀律的成果。

在 ARCI 的團隊紀律中，固然每個角色都有其不可旁貸、不同層次的當責，在 A＋R 的實作團隊中，A 尤其重要，他必須藉由當責而建立起紮實的領導力與執行力，A 真是個「千軍易得，一將難求」的將才，將才是紀律的化身。

　　也許，在組織內各階層的團隊中，我們總有一些團隊負責人缺乏紀律、缺乏當責，因此讓管理界呼喊了幾十年的「分層負責，充分授權」一直難以實現，部屬如不願勉力負責，你還敢分層授責，還給出充分權柄嗎？

　　唯有先經過嚴謹的當責紀律的考驗，人們才能開始享受自主自發，充滿成就感的充分授權，終是進入賦權（empowerment）的更人性化管理世界了，質言之，那就是：「分層當責，充分賦權」的管理新世界了。

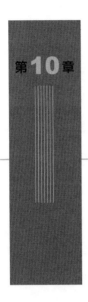

第**10**章

當責——
推動跨部門團隊的
運作

跨部門團隊運作正在進行一場寧靜革命,卻也成為成員與
主管心中的痛。為什麼總是難以順利推動、成功運作?當
責在其間,其實作用如精靈;給你六個精彩的企業實例與
一些個人顧問經驗。

ACCOUNTABILITY

跨部門團隊的運作在 1990 年代開始盛行，被稱為是一
場寧靜革命。

因為有越來越多的公司，因實際需要，也因時勢所趨，
就靜悄悄、自自然然地成立了跨功能、跨部門，乃至跨時
區、跨國家的團隊。其實，這場「革命」，一點也不寧靜，
每個參與的人，心中總是波濤洶湧，常在疑慮不已、前途未
卜的情況下進行、完成工作——或，並未完成工作。

跨部門團隊最著名的成功實例是高森（Carlos Ghosn）
在 1999 年以公司營運長（COO）的身份，成立並運用九個
全公司層級的跨部門團隊進行改造，也救活了連虧九年、奄
奄一息的日產汽車。自此，高森名震全球汽車界，曾是身兼
「全球五百大」中三家超大型汽車公司 CEO 的第一、唯一
者。

跨部門團隊也是一種團隊，升高一個層次的挑戰而已。
如果，運作難以推動，甚至失敗，卻常肇因於團隊本身的問
題，亦即，縱使不跨部門也會失敗。團隊不管跨不跨部門，
都有一些基本運作的基礎，這些基礎不牢固因而引發失敗，
不能讓「跨部門」背上黑鍋。

所以，跨部門團隊要運作成功，應該首先再回顧一般
團隊是怎樣運作成功的？甚至再退一步，一定要有「團隊」

嗎？有沒有見過一些英雄好漢，單槍匹馬，建立了汗馬照汗青的大功的？

我們要為「團隊」而「團隊」，為「跨部門」而「跨部門」嗎？因此，回到基本面的第一個問題是：

一定要有團隊嗎？

如果，你受命的是一項單純而直接的任務，一人也兼具了該有的知識、專業技術、技能；那麼，就單槍匹馬、走馬上任並全力以赴吧；你可能只要盡情發揮個人當責，就能功成名就了。你像一位高爾夫高手，鐵桿、木桿都擅長，推桿一級棒；EQ 超強，心境穩若泰山；如果再配上旺盛的企圖心，那麼，你不需團隊，不必仰賴隊友——隊友太牽扯、太沉重，你一人即可獨立奪標。

另外有些工作，你覺得勢單力薄，需要更多人手。你開始考慮建立團隊，如果這種團隊並不需要太多互相依賴的技能或資訊，例如游泳隊及網球、高爾夫國家代表隊，你還是可停在「工作團」或「團隊」的定位上，如第 6.3 節所述，會比較單純而有效。這時候，各個優秀的成員仍舊各自盡情發揮所長，最後加總就是最佳成果了。這種工作團也常出現在一個大型組織的高階層運作中，如總裁與其幕僚們，與各

大總管們，又如大公司的人事部門、財務部門，乃至各國分公司的運作等。

如果你發覺問題更複雜，影響更多元多方，不只需獨立自力，也需互信互賴，互補不足，需特重如個體當責、團隊當責、相互當責與合體當責，才能共創共同佳績。例如，打籃球、打棒球，這時你就必須建立團隊了。在企業界，這種團隊包含從部門內的小小特別任務團隊，到跨部門的流程管理，或新產品開發團隊，或專案團隊，及跨國、跨時區的所謂「虛擬」（virtual）團隊。

底下我們開始分述，「當責」在團隊成功運作中，所扮演的關鍵因素。

10.1 團隊運作的金三角紀律：當責是其中之一

成立團隊耗時費力，要有：精編人力、共同目標、共同語言、互補技術、承擔當責、互賴互信，也隨時互有衝突，故失敗機率是很大的；但，成功的果實甜美、效果常不只是相加而是相乘，故企業界組團還是前仆後繼，明知山有虎，偏向虎山行。凱真巴克累積三十年麥肯錫顧問經驗，畫出了團隊的績效曲線如下圖 10-1，啟人深思：

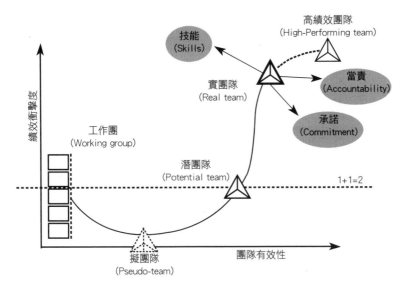

圖10-1　團隊的績效曲線

(參考資料：J.R.Katzenbach "The Wisdom of Teams")

這張圖明示團隊五個不同階段的挑戰與績效衝擊，充滿了實戰經驗與智慧，我加予整理，並進一步闡釋如下：

第一階段，正是所謂的「工作團」或「團體」。基於某些原因，他們並不想成立團隊，但需要分享情報、經驗、策略與決策，成員大抵都是一時之選的獨立工作菁英，他們追求個人（或個體部門）最佳績效，期許加總後的總績效能符合大老闆期望。以數學式來表示，就是：1+1=2，各竟全功，皆大歡喜。

第二階段，稱為「擬團隊」（pseudo-team）。大家想藉組

成團隊以進一步提升績效，於是想：可以 1+1>2 嗎？但，因缺乏組團的智慧與經驗，故衝突激盪不已，顛簸前行，難以互動，嫌隙也在無意中滋生。最明顯的是缺乏「當責」的概念與運用，也無共同目標；所以，成果卻是苦澀的：1+1<2，真的是小於 2；我們因此常看到很多團隊在此掙扎，也自我懷疑，是否步上了一程冒險之旅？前途堪虞？要鼓起勇氣繼續前行嗎？或急流勇退？更多的是，且戰且走、盼望船到橋頭自然直，很多團隊在此階段失敗了。

第三階段，稱為「潛團隊」（potential team）。此時，共同目標已逐漸形成，可是仍缺紀律，仍缺相互當責、團隊當責；但，這時可能已出現了績效相加的起碼成果了，有潛力成為團隊，已回到 1+1=2。鬆了一口氣，但相乘效果仍是可望不可及。

第四階段，是為「真團隊」（real team）。共同目標已清楚溝通，互補技術正在發威，團員饒有承諾、擔當責──終是嚐到了真團隊 1+1>2 的佳美果實了。

第五階段，稱「高績效團隊」（high-performing team）。績效是 1+1>>2，成員能相互許諾於相互的成長與成功，可以犧牲小我、完成大我，可以預見別人需求而預先準備，能高度協調並且互信互賴──記得馬戲團中高空飛人、接人的

場景嗎？這種團隊能超越別的競爭團隊，也總是超越自己既定目標，是組團企業人的夢中團隊，是當責的當然表演者。

回到現實。

我們組成團隊，卻不怎麼成功，問題到底出在哪裡？

● 仍想不適切地留在「團體」的狀態下各自為政？

● 仍可以忍氣吞聲、逆來順受地接受「擬團隊」的「歹命」命運？

● 看不到「真團隊」的真實運作——「我老闆的團隊更糟！」

● 團長與團員都急功近利，甚至殺雞取卵；一再漠視團隊之「行前訓練」。如：當責、個人當責、個體當責、團隊當責、組織當責。一再漠視如：依賴性→獨立性→互信互賴性等的軟性技能與管理——大家總是拿著各自非常專長的硬性技能，硬碰硬地衝撞比拚？

在華人的實務世界裡，還有其他鮮明因素如：

● 工程師心態：公認工程技術才是第一、且近乎唯一，其他都是「假的」，「管理是騙人的。」

● 團長總是技術大將，且意外地天降大任（稱為

Accidental PM），事後亦缺乏成員行前訓練，乃至不知也要自我訓練。

● 特重邏輯，成員間無法互諒常是反邏輯的人性感性。

● 沒做「家庭功課」（homework），在團隊初始階段的各項準備與投資明顯不足、甚至付諸闕如；倉惶成軍上戰場。

● 沒能預見困難處——如 1+1<2 處，因而沒預做準備；總認為水到渠自成、瓜熟自然蒂落。這段陷阱又稱「塔克曼模式」（Tuckman Model），塔克曼於 1965 年建立的，至今仍顛撲不破；但，總一再被忽視略過。

● 難以建立共同目標；或許，能做到「我同意，所以我承諾」（agree and commit），但沒開放爭論總難達到要「我雖不同意，但也下了承諾」（disagree and commit）；以至難以服眾，或尊重「關鍵少數」。

● 中華文化的不當影響；無法由「己所不欲，勿施於人」的古訓，蛻變成「人所欲，施於人」的現代主義客戶導向觀。

● 沒見過高績效團隊在塵世間出現過：真的有人會幫助別人成功嗎？預見也預助別人未來困難？ 1+1>>2 只有在教科書與小說中見過？

凱真巴克等作者在他們號稱有 15 國文字譯述的名著《團隊的智慧》及其後續的《團隊的紀律》中，詳細分析團隊要成功要有三大紀律：

一、技術（skills）

二、承諾（commitment）

三、當責（accountability）

三大紀律構成金三角，這個金三角隨後會讓團隊繼續往上發展、成長、並成功。技術專家們不宜抱殘守缺、緊守「技術」一角，而冀望飛黃騰達、直衝雲霄。

這個「金三角」要滋長、會成長並有相乘效應，與圖 10-1 中第一階段的五個長方形「工作團」有很大不同。

我們再從另外一個角度來看，團隊如何運作成功。

10.2 團隊運作的金字塔結構：當責是承先啟後

沒有一個團隊能成為真正的團隊，或高效能團隊，除非有「當責」在其中運作。

當責在團隊運作中能讓你避免陷入障礙，進一步提升心境。對團隊最後階段的「交出成果」，扮演的關鍵角色是承先啟後的重任。美國加州矽谷地區圓桌顧問公司總裁藍祥尼，號

稱有百餘位資深經理人的顧問與教練經驗,在他暢銷名著《團隊的五個障礙》(The Five Dysfunctions of a Team)中,建立模式,說明如何避免團隊陷阱與功能障礙。我把他的論述重新整理後,改寫成為正面而積極的演繹,如下圖 10-2。

圖10-2 團隊運作的金字塔結構

(本圖取材並改進自:P.Lencioni: The 5 Dysfunctions of a Team)

基本架構固然源自藍祥尼,演繹後應更具意義;可逐層探究團隊成功的要素。金字塔頂星光燦爛,是因團隊成功達成目標、交出成果後的普天同慶。就管理要素來說,團隊要交出成果,成員一定有承擔當責——分別如我們前面論述的

個人當責、個體當責，及團隊當責。成員願意承擔當責，是因為他們心甘情願、許下了承諾；心甘情願許下承諾，是因為他們已有了充分的溝通、充分地表達意見，甚至已有過「建設性」的對抗，沒有屈打成招、沒被刻意陷害；不打不相識，對抗過後有了相互尊重、也才會有進一步的承諾。

再深一層來說，「對抗」與「衝突」（conflict）不同，「對抗」不致於燎原而一發不可收拾，是因為是建設性的，而且成員之間也建立了互信——互信共為一個目標而努力、互信各自有強項與弱項，相互交通、互不隱瞞，也知道團隊成立的宗旨就是精簡人力、擷長補短（更明白說是：我專長的，就非你專長；所以，我不能用我的專長去攻擊你的非專長。多個同專長的人同處一團隊，固是較好溝通，但違反團隊精簡人力的原則）、相互支援、相互信賴，以期在更短時效內達到頂峰、交出團隊成果！

大道至簡。

這段邏輯架構或心路歷程，至簡易明。但，在團隊的實際運作中，卻艱辛無比，彷若天方夜譚。要成就這一趟旅程，宛如一層又一層的內剝洋蔥，一次又一次的淚流滿面。

好在，淚流完後，眼睛更清，視野更深、更廣、更明。

不信嗎？先談第一層的頂峰，團隊真的要「交出成果」嗎？如果真的要交出成果，光是交出什麼成果？就會辯得滿頭大汗，最後常還不了了之，或不甚了了，且戰且走，美其名曰保持彈性。甚至沒交出成果時，也是雖敗猶榮，沒功勞也有苦勞！

　　向內剝入第二層——從來不了解「當責」為何物？總想獨善其身，或打一場角色與責任的迷糊戰？總認為「我們公司本來就是這樣運作的。」甚至，有些成果也是在一片混亂中意外達成！

　　再往下深入剝一層，才到第三層幾乎已是不可行——「學理上討論、討論是可以」。更常聽到的是：成果管理又不是「結婚」，何需「承諾」，唯有「棒子與胡蘿蔔」（carrot & sticks）！

　　「棒子與胡蘿蔔」，史蒂芬‧柯維稱之為：動物式激勵模式。是仍可用，也仍在用；但，在「知識工作者」時代越逼越急時，已窘態畢露。知識工作者時代的有效成果管理，應該堅定地由「承擔當責」起，再堅定地往下剝三層。

　　戴文波特（T. H. Davenport）在 2005 年哈佛出版社出版的著作《以思考為生》（Thinking for a living）中，討論了「知識工作者」的工作性質與特徵，綜結五個結論如下，值

得「知識工作者」的老闆們想一想：

1. 喜自主、能自治，不愛被告知怎麼做；傳統激勵方法常不適用。

2. 知識工作不易歸納出特定的詳細步驟與工作流程，或化成框框線線；但可藉系統化的觀察或「釘梢」（shadowing）瞭解最細節。

3. 認定所從事的每一件事的背後幾乎都有個理性，至少有個合邏輯的合理化說明（rationalization）。

4.「承諾」很重要；如果要有優異績效，需要有心智上與情感上的承諾，及「公平程序」（fair process）的感覺。不只是結果公平，程序也要公平。

5. 珍視知識，不輕易分享，尤其當有工作威脅時。分享專業知識需有一套獎勵與保障制度。

如果，有人不覺得已身處「知識工作者」時代，就愧對 1960 年代即已預言知識工作者時代來臨的彼得・杜拉克了。

所以，洋蔥繼續往內剝。要承諾，就要再走過建設性對抗，再往下走一直到敞開胸懷、建立互信。

也許，我們從反面的角度，再來審視這個團隊成功的金字塔，更能刻骨銘心些。

10.2.1 如果你沒能「交出成果」

這裡，我們談的是團隊，所以成果指的是團隊成果，或說是集體成果。如果團隊沒成功，個人就無所謂成功；不過，這點體認有時也很難，連某些 CEO 都難做到——你看過有些 CEO 自傳中的描述嗎？他說其實他個人是蠻成功的，雖然公司失敗了。

老談「成果」，有些人也認為這種「成果主義」者實在太「功利主義」了；人活著，或工作時不一定為財、為利、為一位數據，總還有一些其他重要的目標吧？沒錯！但「其他重要的目標」是什麼？也應想清楚、寫下來，才能達到吧。如果你又說，目標只是說一說，也並不一定非達到不可，那麼你一定不是個認真的企業人，我們就無話可說了。

「其他重要的目標」？其實在近代管理中已有許多深入的探討，有系統地綜觀目標已如第八章所述，包含兩項如：財務性目標與非財務性目標（又包含營運性目標，與社會性目標），如果你的「其他重要的目標」是指比較軟的「社會性目標」，那麼也是可以定義、定性、定量，然後剋期完成的。

所以，「成果主義」並不等同「功利主義」；團隊總是要訂下目標，目標也可以含有「非功利」項目，訂下目標後，

322

總要設法達到；沒有達到就算失敗，失敗了就坦然認輸。屢跌屢起、越戰越勇也越發成功的施振榮先生就說：「不認輸，就不會成功。」

如果，你不明瞭交出（集體）成果的重要，你會：

- 讓業務成長停頓。
- 無法保住成長導向的優秀員工。
- 難以打敗競爭對手。
- 急於尋求個人成績，不當增加個人主義式行為與個人目標，腐蝕團隊成功。
- 容易被其他目標引誘。
- 不願為全團隊而犧牲個人或個別部門。
- 因團隊目標失敗而重創士氣。

美國杜邦公司在 1990 年代，為全面積極培育全球性領導人才，曾聘請合益（Hay Groups）顧問公司發展方案。該顧問公司曾對杜邦全球約四千位經理人員做全面調查，曾徵詢的一個問題大意是：你現在已是個經理人，你認為過去十年來，你在職場上成功的關鍵因素有哪 10 項？調查結果，高高在上第一名的是：「交出成果」（get results）。記得還有一個問題是：如果要繼續保持成功，你認為未來十年成功的關鍵因素又有哪 10 項？調查結果，高居第一的仍是：get results！從第二項起，那些未來關鍵成功因素都已大大改變。

兩百餘年老店的精華經驗，應該彌足珍惜吧！

10.2.2 如果沒人承擔當責

這裡談的當責，包括：當責真義、個人當責、個體當責、團隊當責，及可能應用的當責工具如：ARCI。

如果沒人承擔當責，而團隊照樣成功；那麼，矽谷名顧問藍祥尼如是評：「沒有當責，成果只是運氣。」（Without accountability, results are a matter of luck.）

> 「膚淺的人仰賴幸運；強壯的人，相信因果。」
>
> ——愛默生（R. Emerson）

在現代管理實務中，要把團隊運作向下推動至此層，事實上已很困難。柯維在《第八習慣》中公佈他們對 2,300 位在關鍵企業中關鍵位置上的員工、經理，及高階主管所做的調查，結果是：只有 10％ 的人認為，他們的組織會要求員工承擔起對成果的當責？

這項調查結果頗具震撼力，主管們大都沒有、也不願，或不知要求屬下承擔當責，屬下也多沒想要多此一舉地承擔

當責。

　　如果，沒有人願意承擔當責……

● 績效差的人沒有改進的壓力與衝力。

● 鼓勵平庸之才。

● 遺誤工作限期（deadlines）及關鍵產出（key deliverables）。

● 諉過塞責，讓上階領導人承擔過度責任。據調查，至少因此虛耗主管 20~30％ 的時間與精力。

● 三不管的白色空間或灰色地帶，不斷擴大。

● 無法培育領導人才。

● 沒績效的人逍遙自在，其他的人加倍工作以彌補缺失。

● 溝通中斷，本位主義蔓生。

● 對成功者缺乏肯定，成功者同趨平庸。

　　洋蔥繼續往下再剝……

「高階經理人積欠組織與同工的是：在重要工作上，不能容忍缺乏績效的人。」 ——彼得・杜拉克

Executives owe it to the organization and their fellow workers, not to tolerate non-performance people in important jobs. ——*Peter Drucker*

10.2.3 如果不能許下承諾……

談起「承諾」，想起前述有關豬與火腿的故事嗎？

從「認知」到「承諾」是有一段漫漫長路。你回想過怎樣「參加」一個會議嗎？

* 參加（attend）：志在參加，不在得獎的參加。共襄盛舉，行禮如儀的參加；既然受邀，得些會議資訊也好的參加……

* 參與（participate）：心態上已往前推進了一步，不是「觀察員」（observer），已經要對會議有所貢獻了。在美商公司會議中，常會在事先要求 "No observers; total participation required."，意思是說：不許在一旁看熱鬧，不是只在一旁學習，必須參與發言、討論，做出貢獻，否則下次不請你與會了

* 介入（involve）：好，你已經「潦下去」了，你已有了認同與行動了。你可能要做為 ARCI 中的 R 或 C，甚至是 A 的候選人——在一個專案上，或專案內的 tasks，或 subtasks 上；或至少是 I 了。

* 投入（engage）或承諾（commit）：你已經盟訂約合，可能是書面上、口頭上，或心理上（是 psychological contract），看來不會毀約的。承諾是一

種一言九鼎、一諾千金，當仁不讓、當責不讓的承諾。

怎樣進一步說明「承諾」？

很多公司的價值觀裡也都列有「承諾」，伊梅特的GE公司有八個新價值觀中，有「當責」，也有「承諾」；台積電五個價值觀裡，也有一個「承諾」。

據說，全世界公司中，對「承諾」最認真推動、最大量使用、最有效運用、並且收效最宏的，當屬高森主政下的日產汽車！在日產，「承諾」是不折不扣、第一重要的詞，也是主管日常使用最頻繁的詞。在他們內部的「英語關鍵詞典」裡，「承諾」的定義是這樣的：

「承諾是一種將被完成的目標（objective），這種將被完成的目標是以數字化的數值展現與盟誓的。只要一經承諾，就必須達成；除非有特殊意外事件發生。如果目標不能達成，那個人就必須承擔後果。」

日產另一個更實務的現場定義是：

「承諾就是：經理人對高森所做出的個人許諾（personal promise）：商定後的目標，將被完成——交出成果或付出代價。」

日產的製造執行副總高橋先生（Tadao Takahashi）回憶說：「開始時，這個觀念很難接受；但，日復一日、日積月累，現在我們都已能瞭解承諾的真諦了。」

承諾也不是一頭熱，或兩頭熱；仍應裡應外合、也有環境配合，員工在什麼狀況下才會做出承諾？有一份缺了來源的資料如此建議，它的戰術運作稱為 "VOICE"：

V：指 Vision；工作要有意義、有目的、有價值、有願景；要知道「為何而戰」，不是只為「上級交辦」。

O：指 Opportunity；要有成長與學習的機會，這種機會的提供可以抵銷許多對環境與待遇的不平。

I：指 Incentives；可以分享工作與公司的成果，有公平的獎勵系統。

I：指 Impact；能加入有意義的專案，參加與自己有關的決策，形成影響力。

C：指 Community；讓工作環境成為一個能合作、能分享、能協作的共同體社會。

C：指 Communication；公司內能充分溝通，能瞭解公司真實狀況及自己的真實處境。

E：指 Entrepreneurship；宛如內部創業般地擁有工作的

「所有權」，及工作方向的自由度。

"V－O－I－C－E！"……發聲吧！

每一個字母及其所合成的一個字，都足以打通工作者、尤其「知識工作者」的心靈；雖然每個人對 "VOICE" 中各項，可能有不同的權重！

許多公司不願在 "VOICE" 與「承諾」上用心經營，仍願回到「棒子與胡蘿蔔」的原始捷徑。於是，傳統工作人員的心態總是：老闆有令，令出必行，做了就是；或是，老闆有難，拿人錢財，與人消災；或者，道不同，不相為謀，一走了之。

如果你不能許下承諾……

● 會在團隊的方向與優先性上，有意無意地創造模糊。

● 會眼睜睜地讓良機在「過度分析」與不必要耽擱中流失，或流入競爭者手中。

● 讓缺乏信心與害怕失敗，在團隊中滋生迷漫。

● 不斷重複討論與決議；過度分析後形成議案癱瘓（paralysis by analysis）。

● 間接鼓舞團員間的二心與猜忌。

* 縮回「我盡力而為」，不想承諾的世界了。

10.2.4 如果害怕建設性對抗……

既然開放了討論空間，想尋求承諾——尤其是知識工作者成員的承諾，討論就可能會發展成或大或小的爭辯或爭執，形成「對抗」（confrontation）；對抗與衝突（conflict）不同：

「對抗」有如下所述一些特色：

* 對抗是不同意見或思想的表達；原屬中性，但也可能導向正面的建設性對抗，或負面的衝突（conflict 或 conflictual confrontation）。

* 對抗的對象是差異的事或物，不是人；或，華人常說但難行、不願如此行的——「對事不對人」。

* 對抗遲早都將成為不可避免；如不願及早介入正面、積極性對抗，則晚些多將演變成負面性衝突。

* 建設性對抗常是主動性的、仔細規劃過的、有準備的、可預測性的，是許多 "what if",（若…則…）式的操演。

* 在任何階層中的任何人，都應被鼓勵介入建設性對抗中。

- 領導人的最基本責任之一是：領導建設性對抗。每日為之、每週為之、每月為之；有同事對同事的對抗、有成員對領導的對抗。
- 建設性對抗的目標在於：減低衝突，增強「承諾」與「當責」。

如果你害怕建設性對抗……
- 會議會變得無聊、無趣；想想看，多少科技人有多麼討厭老闆主持的會議。
- 容易滋生後院政治與人身攻擊的工作環境。
- 忽視對團隊成功很重要但具爭議性的議題。
- 重要「異議」，最後終將如「癌細胞」般發作蔓延。
- 無法廣蒐意見，察納雅言。
- 浪費時間與精力在無謂的人際關係上，無法把重要問題端上台面充分討論。

毋需害怕建設性對抗，理由還有下列四端：

道理越辯越明

除非如船將下沈、樓已失火等急需火速行動外，有「對抗力」在對抗時，會讓原有的「驅策力」蛻變成為「調合

力」，而更具有說服力與執行力了；其作用原理可稱「三合力」如下圖 10-3 所示：

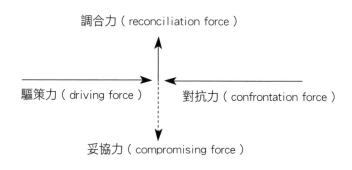

圖10-3　調合力是正面的合成力

需注意的是：調合力是調和鼎鼐後的合成力，去除了爭執部分，保留了既有價值物，故與向下走的妥協力一各自犧牲一部分以達成協議是很不同的。

在第七章組織當責，討論企業文化的建立時，曾提及首重價值觀。價值觀這種「驅策力」同樣是要經過檢驗的，其「對抗力」即是各種澄清（clarification）的力量，例如質詢：這種價值觀為何重要？合於這種價值觀的行為是什麼？不合的又是什麼？似是而非、似非而是乃至已積非成是的又如何解決？這些「對抗力」調合後的價值觀才能進一步蛻變成員工「信念」。一系列對抗到最後，就產生企業文化的大

力量。如果價值觀這種「驅策力」不敵或不願面對「對抗力」，那麼價值觀就淪為口號，企業文化也勢成空談。

過程越來越重要

金偉燦與莫伯尼在他們 2005 年著作《藍海策略》中，博引實例，說明企業策略如要執行成功，在策略形成過程中一定要引入「公平程序」（fair process）；並說明「公平程序」有三個 E（Engagement，Explanation，Expectation clarity），即投入、解說決策如何形成，以及把最後目標、中間里程碑，及全程角色與責任說明清楚；然後才能在態度上建立「信任與承諾」，讓成員能：

● 「我覺得我的意見被重視。」

● 激發「志願性合作」、願意「超越職權，做得更好」。

● 自我實現，超越期望。

所以，「執行」已非「上級交辦」開始，「交差了事」結束。中間過程的意義，日漸壯大。

金偉燦的「公平程序」與更早數年在《哈佛商業評論》中所述的「程序正義」（procedural justice）相近，該文章中說了一個故事：英國一位婦女，開車時違規右轉，被警察開了罰單；婦人不服，告進交通法庭，因為當地禁止右轉的警

告牌被掩入茂密樹葉中。開庭時，法官沒等她辯解，即逕行宣判她勝訴；因為同一地點、同樣案件已非第一件。但，婦人對判決不服，深覺受辱，因為法官沒聽聽她準備了許久的辯訴。所以，成了一樁贏了結局但不服中間缺少「程序正義」的案例。

中間的討論過程已越來越重要——不論是折衝、對抗，或衝突；但最好在「衝突」之前，還是領導「對抗」才更有利。

一言堂越來越辛苦

如下圖 10-4，對不斷在處理會議中「對抗」的主事者來說，一言堂式的決策過程「和諧愉快」、真令人羨慕；但，決策完後，溝通與執行才是真正頭痛的開始。

在許多現代企業實例裡，成事的整個過程越來越難由「一言堂」方式，如願地一以貫之。

就整個成事的「效率」與「效果」而言，也不應由「一言堂」方式來運作，徒然讓「決策」在經過「溝通」與進入「執行」階段時，各方意見仍然波動不已，甚至還越界地形成驚濤駭浪。圖 10-4 是很多現代企業痛苦經營後的累積經驗，值得現代領導人深思；也請注意，一團和氣常常導向一敗塗地。

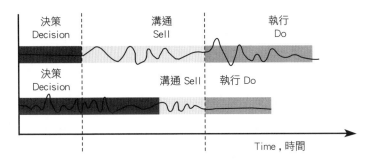

圖10-4　兩種決策過程

最苦應不過如此

曾在一篇報導看過張忠謀說的小故事：他有一位叫傑克的 TI（德州儀器公司）好朋友同事。傑克後來前往 Intel 就任新職，有一次他召集下屬，針對一個大問題開會，他講了十幾分鐘看法做法；十幾秒的靜默後，一位下屬劈頭就說：「傑克，你剛講的話多是些屁話！」（Jack, you were full of shit.）後來，他發現這種對事不對人的「建設性對抗」，在 Intel 中非常普遍，不管是下對上、上對下，或在同僚之間。

聽說 Intel 所倡導的「建設性對抗」成功地及早扼殺了許多企業「癌細胞」，讓「癌細胞」無法滋長或延後發作而蔓延全身、不可收拾。Intel 人追求的不是表面的、假象的、靜態和諧，而是勇於爭辯、無懼對抗的動態和諧；不只是同事對同事、這任的 CEO 也對抗過上任的 CEO。對抗的是不

同意見或思想,對抗的對象是差異的事或物,不是人。

現代領導人的基本責任之一是:領導建設性對抗。

10.2.5 如果沒能建立互信……

好了,我們已經很驚悚地、淚流滿面地推到團隊成功運作的最底層——要建立一個「互信」的基礎了。在互信的基礎上,我們才不會害怕創造了「建設性」的對抗。道理越辯越明,程序正義也獲得伸張,然後,我們得到成員們的承諾;這些「重然諾」的知識工作者,終於找到了心理底層的支撐,承擔起當責,努力奮鬥,最後交出戰果!

如果沒能建立互信,成員們會……

* 互相隱藏或隱瞞弱點與錯誤。

* 不願請求幫助,或提出建設性意見。

* 不願在自己責任區之外提供幫助。

* 對別人的態度與意圖,喜歡驟下結論,不願嘗試去認清。

* 無法體認或尋求別人的技能與經驗。

* 浪費時間與精力在行為的政治學上,如:「動機論」、「陰謀論」。

* 不情願道歉，或接受道歉。
* 逃避會議及其他會商機會。
* 過度保護自己。

「信任有潤滑作用，它讓組織運作變為可行。」

——華倫・班尼斯

Trust is the lubrication that makes it possible for organization to work. ——*Warren G. Bennis*

　　如果你是高階領導人，影響力很大，風行草偃，要特別注意。要思考的是，如何從自己做起，先信任他人；所謂用人不疑，用了以後還會化小信為大信；然後讓自己被人信任，此中最重要的領導特質則是如公開、透明、誠信與當責——這四種要素與 CEO 承擔「企業當責」的要素一模一樣。領導人培養自身特質成為部屬或社會大眾所信任，在此正是一舉兩得、一魚兩吃，值得下苦心培養。

　　如果你只是個獨立工作者，那麼就領導自己吧，道理也一樣，先信任別人，再為人所信任。在信人與被信的歷程中，個人當責與個體當責自然是一大主力兼助力。

你還在隱藏或隱瞞弱點嗎？

每個人都有弱點──一個脆弱的、不好保護、易受攻擊的點，很多人害怕因此而傷害了自己的可信度與權威性；於是，盡力隱瞞弱點、捍衛己見，無法自承錯誤，把最大弱點保護成最大秘密。

英國倫敦商學院的「高階經理人教育學院」副院長兼美國哈佛商學院教授高非（R. Goffee）博士，在一項專案研究中，曾與數千位領導人座談，要找出當今領導人的共同特質。結論時，高非建議：領導人要學著接受這些弱點並適度展現弱點，稱為「示弱」（vulnerability）。

領導人適度展現自身弱點，可以表現出其可親近的人性面，有利於建立互信與合作氣氛，也有助於員工做出承諾。現代領導人已非高不可攀，還有誰願意與完美無瑕的真聖人或假聖人一起工作？

每個人自然都有弱點，縱使全身刀槍不入的阿奇里，也有個腳踝，易受攻擊。當領導人欲蓋彌彰或掩耳盜鈴般地，盡力隱瞞自己弱點時，對部屬而言，可能已昭然若揭；部屬們於是也都開始各自隱瞞弱點，每個人都想建立自己的「不可傷害性」（invulnerability）；於是，互信的基礎與環境就越來越脆弱了。

> 「要打動人心，你必須上火線，把罩門打開。」
>
> ——王文華《史丹佛的銀色子彈》

當然，「示弱性」也有注意點；領導人展現弱點也應該有選擇性，高非博士建議展現的是如：

* 無傷大雅的弱點——例如上台講話也會緊張。
* 像是優點的缺點——例如是個工作狂。
* 不可以是損毀專業形象的致命傷——例如，你不懂 DCF（折現後之現金流量），回家後應儘速補修，不要把專業當笑料。

領導人有「示弱性」的涵養與經驗後，建立領導風格，在團隊中就容易建立互信。所以，近年來，國際上許多著名領導會議都會談到："Lead by your vulnerability."——以「示弱性」建立「領導力」。聽起來，有些弔詭；想一想，有道理；做做看，會成功的；尤其是在這個「知識工作者」的新世代裡。

領導人有了「示弱性」後，更有機會更上層樓成就謙遜（humble）美德，是為柯林斯眼中的「第五級領導」——兼具領導與管理才能、兼具謙遜態度與專業堅持的領導人。

10.3 當責是團隊運作的關鍵組成

團隊經營要交出成果，挑戰還真多；由獨立貢獻者的
1+0=1，到工作團的 1+1=2，到真正團隊的 1+l>2，乃至高
效能團隊的 1+1>>2；真是一條艱辛路，許多團隊在中途陷
入 1+1<2 的陷阱後，進退失據，沒了士氣也無計可施。本節
綜結前述兩種模式，期望有所幫助：

其一，凱真巴克的：當責＋承諾＋技能

　　　　──金三角團隊基礎

其二，藍祥尼的：互信→對抗→承諾→當責

　　　　──金字塔成果模式

退而結網，兩者皆可用；若能先鞭一者、預做準備，那
麼收網時，就豐收可期了。兩種模式都與當責有莫大關連。

在現代企業管理中，以藍祥尼的金字塔模式而論，事實
上每往下推一層，都增加莫大的困難與苦楚；如無領導者的
遠見與堅持，無以致之。例如，前有 Intel 前 CEO 葛洛夫，
親自接受衝擊，建立了建設性對抗的企業文化。在我的華人
企業顧問生涯中，許多客戶都寧願在建設性對抗之前戛然止
住！

「棒子與胡蘿蔔」與「命令與控管」（Command and

Control）的管理方式仍會繼續存在，繼續有用；但，在當責時代，在知識工作者時代，轉機已浮現，「激勵與影響力」（Inspire and Influence）勢將在未來的管理市場中，佔據越來越大的市佔率；現代與未來領導人，就有請預做準備吧。

現在，我們對一般團隊的成功運作應該有了更大的把握了；因此，對「跨部門」團隊的成功運作也應該會有了更大的把握。下一段中，我們將看看「跨部門」運作乃至「虛擬化」團隊運作的幾個主題與實例。

10.4 當責文化是跨部門團隊成功的靈魂

有了前述有關一般團隊運作的基礎認知與努力後，挑戰「跨部門」與「虛擬化」團隊成功所需的「活化能」，業已下降許多。

從下列六個主題或實例中切入，讓我們快速看清全貌，並思考解決之道：

1. 諾基亞（Nokia）跨部門團隊的發展模式。

2. 你的虛擬團隊（virtual team）有多「虛」？

3. 跨部門還跨越了什麼？

4. 一個軟體設計業的簡例。

5. 跨部門團隊失敗的主因。

6. 怎樣建立一個成功的跨部門團隊？

前三個主題，偏向跨部門團隊發展的現在與未來，及所遭遇的主要問題與挑戰；後三個是實例與實據，偏向解決問題並闡釋「當責」在跨部門運作成功的關鍵角色。

10.4.1 諾基亞（Nokia）跨部門團隊的發展模式

"Nokia" 在芬蘭，據稱原是膠鞋的代名詞，一如 3M 的 "Scotch" 品牌在美國代表膠帶，全錄公司的 "Xerox" 曾代表複印。

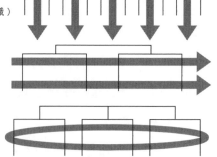

第一代競爭
- Input-focused（內部聚焦）
- Budget-driven（預算驅動）
- Functional organization（功能性組織）

第二代競爭
- Output-focused（外部聚焦）
- Market-driven（市場驅動）
- Process org.（流程式組織）

第三代競爭
- Network-focused（網絡聚焦）
- Customer-driven（顧客驅動）
- "Webified" org.（流程網組織）

圖10-5　跨部門團隊：Nokia的組織改變

（資料來源：Dan Steinback, "The Nokia Revolution : The Story of an Extraordinary Company That Transformed an Industry"）

諾基亞（Nokia）原是一家從事森林、造紙、橡膠的傳

統化學業，在 1990 年左右轉型進入通訊電子業，一、二十年後迅速蛻變成為通訊電子業的巨人，Nokia 的品牌價值竟然在全球激烈競爭中，曾經總是排在前五名。在這超快轉型與極度成功的發展過程中，跨部門團隊的運作是他們很重要的一環；在 Nokia 的案例中，我們看到他們如圖 10-5 所稱的三代競爭。

第一代是個典型的功能性組織。內部導向、上層交待是焦點（input-focused）；是預算驅動式的、有多少預算做多少事（budget-driven）；以功能／部門為主軸、由上而下垂直運作。

第二代競爭則已成橫向操作。外部導向、以跨部門的產出為焦點（output-focused）；是市場驅動式的（market driven）、有跨部門流程在協助看清並迅速有效滿足市場的真正需求；功能性組織轉向流程式組織。

第三代的競爭是網絡聚焦（network-focused）。以市場中慎選出的「客戶」為導向（customer-focused）；有流程網（process web），形成一種快速反應客戶需求變化的所謂網絡化（webified）組織。類似實例又有如華人創立的 EMC 大廠旭電公司（Solectron），號稱有百餘跨部門流程，形成流程網，超快而彈性地回應客戶需求。

第二代競爭的典型應用，是新產品開發的跨部門團隊運作。以市場或客戶需求為導向，對外一定要有及時與正確的產出，因此，對內就得成立有效回應的跨部門隊伍；要快速而有效，就要同時集合各部門適當人才，同舟共濟、全力以赴。所以，新產品開發團隊常集合業務／行銷人員、研發人員、工程／製造人員、財務人員、供應鏈／採購人員，大約可橫跨七、八個部門，為一個精準定義的新產品的及時誕生與成功銷售而奮鬥。

服務客戶方面，也有類此「一條龍」加「單點式」的服務隊伍，戴爾公司稱之為 "A single point of accountability"（當責式單點）；這個「單點」綜合內部複雜技術與複雜經營環境，對外卻成為單純單人單點，直指客戶一顆心。

這些「單點」集合後又宛如人體中各處的重要穴道，它們匯集了重要的神經、血流，與「氣」，是為檢驗身體並強壯身體的重要據點。像任、督二脈連結起全身五十一處重要穴道，這五十一處重要穴道又間接、直接地連起全身三百餘穴道；因此，中國武學中說，任、督二脈打通後，武功是會精進幾個甲子的！難怪有些公司反應如此神速，進步如此神速！

一般來說，這個集合各處英雄好漢的隊伍，從領導人到成員，常常是除了專業技術外，別無團隊認識與訓練，

意外地成了一支不折不扣的雜牌軍，常事與願違地立即陷入 1+1<2 的「擬團隊」（pseudo-team）窘境中；好在，大家技術背景都很硬，亂軍中硬是也事倍功半地湊出成績來。不過，Nokia 一陣輕風──外人看來應是呼嘯而過──而進入第三代競爭中，我們則仍停留在第一代的軍隊式組織中掙扎不已，或第 1.5 代的改良式第二代，或第 2.5 代流程式／流體式組織中，爭執不斷。所以，應該加緊腳步、提升心態、放開胸懷了。

往極端一點看，路易斯（J. P. Lewis）在他的《專案管理的基礎》（Fundamentals of Project Management）著作中，暢談專案與跨部門團隊成功運作的經驗時，說：各級領導人應協助推動組織結構改變，邁向專案管理。各專案經理人要：「告訴各部門經理，他們是為支援各項專案需要而生存的。」是有些危言聳聽，但在未來發展中，各功能性部門是有可能只是組織內各個頭戴多頂帽子的英雄好漢們回家「省親」，或接受「功能性再訓練」的地方而已。

諾基亞模式中的第二代競爭是一個重要基礎。下面各節中我將做進一步討論，但，在進入細節前，我們還是在三千英尺高空中──大約是陽明山的高度上──再鳥瞰一次團隊「大圖」。

10.4.2 你的虛擬團隊（visual team）有多「虛」？

跨部門團隊的運作讓你心亂如麻、心灰意冷嗎？俯視團隊「大圖」，如圖 10-6，其實，這還只是個小案子。

你的領導能力或位階越來越高後，你主導的案子終究要跨出你原屬的部門，「入侵」別人的部門；之後，還要繼續「入侵」別人的事業單位、甚至別人的組織，包括客戶的，乃至於別人的時區與空間，例如，世界上各其他國家，而跨越時空（around-the-clock and around-the-world）運作；成了典型的「虛擬團隊」。虛擬團隊將是 21 世紀裡，越來越流行的工作型態，與它相對應的則是：「面對面」（face-to-face）或「同地區」（co-location）的傳統團隊。

其實，名為「虛擬」團隊，實際上一點也不「虛」，而是個活生生的「實體」：有活生生的團員，活躍在真實世界的各處角落裡。領導人運用新、舊溝通科技，及軟、硬性管理工具，跨越空間與距離、時間與時區，推動團隊工作，完成集體任務，交出個體與集體成果。

我們還是習慣用「虛擬」。但，虛擬還是有其程度差別，你有多「虛擬」？李內克與史坦普（J. Lipnack & J. Stamps）在他們的《虛擬團隊》（Virtual Team）書中，論述了九種不同的團隊工作型態，如下圖 10-6 所示：

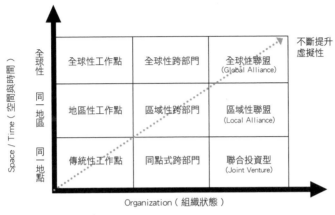

圖10-6　團隊的虛擬程度

以我們現在所討論的跨部門（或跨功能）團隊來說，其虛擬性或困難度隨時空增大而增加，例如，由同地點，提升至地區性，乃至全球性。當然，最右端的團隊又跨出了自己所屬的公司，其困難度又再度大大提升了。

以未來趨勢及「大圖」原則來看，現在我們所面對的同公司、同地點的「跨部門」團隊運作，其困難度應只是中等而已；故，一邊迎接新挑戰，一邊還要為未來更大的挑戰打好基礎。

10.4.3 跨部門還跨越了什麼？

跨部門指的是，工作跨越了組織內各有關的功能性部門，如銷售部門、研發部門、製造部門、財務部門、人事部

第三篇　當責不讓以經營自己領導團隊

10　當責──推動跨部門團隊的運作

門等等。各部門功能原本清清楚楚、壁壘分明，各有一個頭頭在上面操盤；而你，現在要入侵他的地盤，號稱要為一個特定的公司級目標而橫向操作，有些橫行霸道吧！於是，公司外的戰爭還沒開始，公司內部就先開打了。

　　我們常稱這種壁壘分明式的功能性部門為 "silo"——美國鄉間一種貯藏糧秣用，高高拔起、中間不開窗的穀倉。或稱為，如流氓般擁有的惡勢力地盤（turf）。或，如堡主苦心自營的城堡（castle）。微軟公司的前營運長（COO）赫伯（R. Herbold）則稱之為 "fiefdom"——fief 是歐洲中古世紀時的封地采邑。所以，以管理面而言，跨部門任務艱鉅，是要跨越：

* Silo（穀倉）：雞犬相聞但無窗對望，老死不相往來；很堅持，如頑驥。

* Chimney（煙囪）：「大漠孤煙直」，無囪也直；在人漠上，又孤又直。

* Turf（地盤）：無數勢力範圍爭奪戰；俗稱為 "turf war" 或 "turf battle"。

* Castle（城堡）：城門雖設而不常開；本王是王，他人休越雷池。

* Fiefdom（封地）：皇上已列土封疆，我當然割據稱

王，你有問題嗎？

除了形式上的，還有許多個人心態上的本位主義、山頭主義，及技術官僚主義，也一起加入戰團。

國內、國外的公司，好公司、壞公司，大公司、小公司，凡是人所經營的公司都有類似的「穀倉」問題。

IBM 一代救星 —— 以 IBM 的經營規模與歷史定位而論——他應該還算是美國的「民族救星」，葛斯納曾對 IBM 自我批評：IBM 的新產品不是從內部推出去的，是被外面的客戶拉出去的；IBM 內部的戰爭比外部的競爭尤為慘烈？

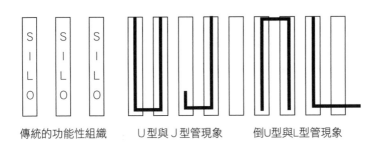

傳統的功能性組織　　　　U型與J型管現象　　　　倒U型與L型管現象

圖10-7　「U型管現象」與「J型管現象」
(取材並演繹自：大前研一《思考的技術》)

好在，進一步瞭解「穀倉」後，「穀倉」也不是那麼難以打敗。上圖 10-7 圖解了日本策略大師大前研一在《思考的技術》中，所遭遇的「U 型管現象」：

圖 10-7 左側是三個高高聳立的「穀倉」，各「穀倉」之間也就是我們在 ARCI 中所討論過的「白色空間」，或三不管地帶。ARCI 圖是頂視圖，在圖 10-7 則轉成側視圖；白色空間是執行力的大挑戰區，連溝通都常通不過本區。大前研一在他 2005 年著作《思考的技術》中，談到在日本的「U 型管現象」與「J 型管現象」，如上圖 10-7 中央部分所示。

　　U 型管現象：一位部門主管先在本部門內往下溝通，經過漫漫長路，通過白色空間，到達另部門，最後上達了另部門主管。

　　J 型管現象：一位部門主管先在本部門內往下溝通，跨到另一部門後，另部門基層認為不重要，然後下情不上達，溝通消失於空中。

　　在台灣，情況稍又不同，更常見的是「倒 U」與「正 L」現象，如圖 10-7 最右側部分所示。在倒 U 中，下情上達於天聽，本部門主管與他部門主管在高空交通後，再下傳旨令，最後陸續完成基層溝通。正 L 現象是經本部門基層與別部門基層溝通後，別部門基層也認為不通，所以溝通也迅即無疾而終。

那麼，為何不在各「穀倉」的中間適當層級處，開「窗」溝通並執行呢？如果先以「中性的」流程當先鋒，或做輔佐，就比較不敏感，也更名正言順、更有效果了（如下圖 10-8 中央部分）。圖 10-8 再往右側移，如果以「客戶需求」掛帥，甚至加上供應商支援，其勢又更強些；跨部門專案就準備在「跨部門流程」的平台上運作了。如果，專案經理人或流程管理人（或稱「流程總管」，即 process owner）更盡點心、賣點力（如：體認並應用當責），發揮領導功能（如：體認並應用當責），跨部門團隊於焉成形，並成功在望了。

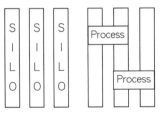

穀倉分明　　　跨功能流程啟動

傳統的功能性組織：
經常有「穀倉」形成

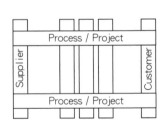

跨功能之流程/專案管理正式運作

顧客驅動式與流程驅動式組織：
是跨功能的流程式管理或專案管理

圖10-8　跨功能流程 / 專案管理

　　「穀倉」固然可能由外部解決，但可否亦由內部使力？

　　部門之所以會形成穀倉，最主要原因是部門領導人。於

是，如此這般，部門內又會產生許多如穀倉般的個人與內部部落。微軟前營運長赫伯在他著作《封地併發症》（Fiefdom Syndrome）中，把這種封地式的本位主義或山頭主義又分成了好幾個層級，闡釋如次，藉資惕勵：

- 個人級：太強烈的個性，極度地保護自己；可能影響夥伴、團隊、部門，乃至公司。

- 小圈圈級：一群癖好相似者，臭味相投，遂行其是；恩隆（Enron）的那一小撮財務人員即是著例。

- 部門級：部門各行其是，以部門主管馬首是瞻，無法與其他部門形成必要之互動與合作；部門主管常是罪魁禍首。

- 高層級：組織內高階主管是一群「封地主義者」，自絕於外在市場；高處不勝寒，也不知人間溫暖。

這些「封地併發症」的形成及蔓延，有其基本人性上的緣由，如：

- 想控管更多的數據與資訊──也是想把工作做得更好，讓自己績效更好。

- 想更獨立自主，一切靠自己創造──太獨立自主，無法或不知更需要「互信互賴」。

* 可能大老闆授權太多、太過。

* 或者，想誇大自己工作的品質與重要性——自我膨脹，疏離他人，也失去了對外界的危機感。

赫伯說：「封地主義者的內心底處，就是缺乏紀律。」他認為對症下藥，要重整三項紀律。下述三項紀律一針見血、一擊中的：

1. 流程紀律

建立公司層級的、客戶導向的、跨越部門的各種流程與系統，推動流程管理與專案管理。

2. 行為紀律

要求各級人員避免過度自信、過度細分組織。鼓勵向外看、學習新技能。

3. 人員紀律

加強人員輪調，要求改進績效；不要過度保護績效差的人，建立標準評估系統，最忌諱的是不當獎勵缺乏績效人員。

說來有些反覆，這些封地勢力、城堡主義，及穀倉效應，是構成了跨部門團隊成功運作的障礙，但，這些障礙也是要靠跨部門的流程團隊或專案團隊來打破。至於仍藏諸人

心的「封地主義」則仍需藉助紀律——行為紀律與人員紀律，當然還有「當責」的紀律。

底下三實例，我們要談談實際做法。

10.4.4 一個軟體設計業的簡例

如下圖 10-9，一個軟體設計業的新產品開發團隊，依產品特性要跨越大約七個穀倉。

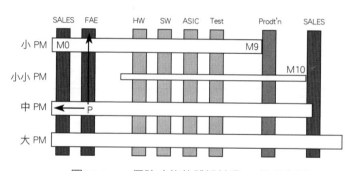

圖10-9　一個跨功能軟體設計業PM管理實例

這家公司有制度，新產品開發有流程，如圖 10-9，從第零步（M0）的市場研究與準備期，到第十步（M10）的市場試用、評審完畢。流程如平台，穿越組織內各部門，還穿出公司，直入市場與客戶。專案團隊在這平台上運作，引經據典、循序以進，運作起來是容易多了。

通常，管理流程的「流程總管」還是公司內的大官，他

們負責流程的建立、維護，與改進，當然歡迎你使用，也會提出建議與協助；流程本身就是想幫助你排除困難，甚至還包括排除官場「紅膠帶」（red tapes）——組織內的繁文褥節等。調查顯示，富創新活力的好公司都有流程在幫助專案經理人，也都有執行跨部門的團隊活動；當然，有經驗的專案經理人即使在沒有流程的協助下，仍然有可能如「爵士樂團」般即興創作、迭創佳績；或憑藉豐富經驗，過關斬將、交出成果。但，沒流程、沒經驗、沒訓練、沒概念時，問題就會很大條了。

這個新產品開發跨部門團隊仍會遭遇哪些問題？

第一個，正是 PM 的權責問題。（PM 即產品經理；本質上來說，也是專案經理的一種，此專案的成果是一種新產品，而非新工程。）這個 PM 常是突然天降大任的經理，俗稱 "Accidental PM"。他的專業技術是一時之選，管理技術則稀鬆平常，有時很糟，有待磨練。通常，他不太知道自己的權責範圍，是負責產品生老病死、興衰凌替的大 PM，還是只負責溝通協調的小小 PM，或不大不小負責新產品到生產或銷售的小／中型 PM？然而，他信心足足，認為專業技術是第一且唯一的成功保證，不太需要運用其他工具，「兵來將擋，水來土掩，誰怕誰？」有時，連客戶需求也不太在

意——因為,客戶其實也不太懂自己真正的需求?

第二個問題是在成員。例如上圖 10-9 中平行線與垂直線相交處的 P,例如他是 Peter。他開始頭戴兩頂帽子,有了兩個老闆:平行線上的專案新老闆,與垂直線上的部門舊老闆。他要學會分配時間、精力與資源,學會如何合作與報告,他是技術專才,但身處團隊中應該有「個體當責」的概念與紀律,他大部分時間是「獨立貢獻者」,但有時更希望能是「互信互賴者」。他的時間、預算,及績效評估,應能合理地以比例化處理。頭戴兩頂帽子讓他很不適應、很頭大,他比較習慣「從一而終」的功能組織。

第三個是,PM 要確立與上層及外面的關係,如與計畫經理(Program Manager)的。你有從旁而來的支援,如專案支援處(Project Support Office)或從上而來的資援(sponsor)嗎?例如 ARCI 中的 C,總會有兩三個 C。

這些所謂的跨部門團隊與我們所習知的矩陣組織有何不同?換湯不換藥的老把戲吧?也許。但,柯漢(A. R. Cohen)在《影響力不靠權柄》(Iufluence without Authority)書中以「承諾度」的角度提出了一些細緻的觀察。他說,團隊成員的「承諾百分比」對原組織與新團隊是有不同的,例如:

356

	原組織 （home base）	:	新團隊 （new team）
1. 各種委員會（committee）	70	:	30
2. 矩陣組織下的團隊	50	:	50
3. 跨部門團隊或任務小組 （task force）	30		70

　　矩陣是一種常設型組織，兩頂帽子下的兩邊承諾比，幾乎是一半對一半，是可以理解的。任務小組或跨部門團隊是個短期特案打擊隊伍，任務明確，時效重要，故承諾比率是應該更高些；更實際的是：對 PM 來說，常常承諾比率要比 70％還高，有時甚至高達「提頭來見」的 110％，棄老組織於不顧。對成員來說，可能以協商後的時間投入比，做為推論會更合理，他們的績效評估所佔比例也應依此呼應；不過，實務經驗顯示，成員的時間投入比，如不足 20％時，成員是較難有承諾與成效的。

　　委員會裡的委員諸公們，通常是代表老東家，故老東家比重是高些。但這個比重如果不當地再偏更高時，就會造成無效果。所以，實務派企業人常戲稱委員會是「進度的墳場」——案子進了委員會，就像是進了墳場。

　　新產品開發團隊常是由一團技術精英組成，可惜常倉促

成軍，角色不清、責任不明、加上領導無方；故，事倍功半甚至功敗垂成是常事。如果失敗了，通常不會是技術的錯，通常是 PM 要負最大的責任的。

回到正題。

第四個問題是，PM 有確立是「當責者」的地位嗎？如果確定 PM 是「當責者」、是 ARCI 中的 A；那麼，回到第三章的許多實例上，PM 認清當責、認定當責、承擔當責；沒有了退路，前途卻無限延伸！

說個小故事：

在美國的交通事故中，如果警方發現肇事一方應有 51%以上的責任，那麼，這一方就需負起 100％的責任。

所以，「當責者」在團隊中負起全責，也不是什麼特例。

再分享一件企業界有關決策與權責的真人真事：

思科（Cisco）是全世界最大的網路設備製造與服務公司，在管理上也是全世界最成功運作跨部門團隊的公司之一。已穩坐思科 CEO 二十幾年的錢伯思（John Chambers）有一次對一位新進的副總道格拉斯・奧瑞（Doug Allred）說明「我們公司的經營方式」時，說：

「道格，你有 51% 的投票權，但你要負起 100% 的全

責，交出成果。在你往前行時，記得把我留在你的溝通圈子裡，要跟我諮商。」

真人真事真實踐，再仔細思考其中道理後，你有沒有看到 ARCI 運作中 A 與 C 的互動真況？

10.4.5 跨部門團隊失敗的主因

本章圖 10-7 與圖 10-8 中所述數座穀倉宛若是側視圖，跨部門的專案／產品或流程管理又如橫刀一切的切面圖，如下圖 10-10 所示：

圖10-10　跨「穀倉」管理 橫切面圖示

圖 10-10 形似第二章中所示的 ARCI 模式圖，亦即，圖 2-4 與 2-5。所以，跨部門團隊的管理當如 ARCI 模式，很重要的是，要跨越圈圈內白色空間的障礙，然後再跨出圈圈外，到 C 與 I 的世界；一齊銜接起有關領導、溝通，與執行力的各種脫節與脫線。

普通團隊失敗的原因，已如前述不再贅述，當然也構成

跨部門團隊失敗的原因；但，針對跨部門團隊的特性，其他
敗因又有如：

未做好關鍵「利害關係人」關係的管理

因為入侵／橫跨好多個穀倉／山頭，多了許多「利害
關係人」，這些「利害關係人」的「關係」需要做分析與管
理。這些「關係」至少有十種，如下圖 10-11：

關係看來是錯綜複雜，其實也可以提綱挈領、以簡
御繁。關鍵在正中央的 PM——管它是 Product Manager、
Project Manager、Program Manager、Process Manager， 或
Task Forces 的領導人，這個 PM 的態度決定了他自己的高
度，高度則簡化了複雜度，也大大提升了領導力與執行力。

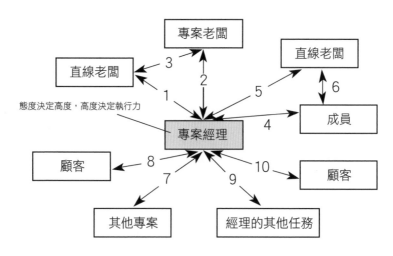

圖10-11　專案經理的KSF：當責與關鍵利害關係人的經營

如果，PM能「當責不讓」，對「當責」有強烈的概念與紀律；那麼，他在上圖10-11的中央位置會挺直、高高站立，使原本散落四處的「粽子」，如提綱契領般地被高高拉起、綱張目舉、條理分明、井然有序！如果，PM當責不清，加上成員攪和，PM縮回同一平面；那麼，就如一把「粽子」散落一桌，不只雜亂無章，也糾結難解了。

擁有高專業技能的人常自恃自負、不屑也不解「關係」——居然還超過十種！好，為了團隊成功，你至少要瞭解並管理幾個 "key"stakeholders（關鍵性利害關係人）的關係吧：

* 原部門的大王們——亦即成員們的老闆們；要分享資訊、分享成果、共同考核，形成影響力。

* 客戶；他們的需求可能不斷改變，跟著他們改變嗎？通常是的，稱為「隨需應變」。

* 長官們；含直線老闆、計畫老闆，及贊助者。從他們爭取資源與支援，請他們幫忙解決官僚「紅膠帶」官僚區；資源常是要爭取、分享、交換、借用，不是不請自來的。

* 其他支援部門；如資訊、人資、法務、財務，及供應鏈等；依專案，訂定重要程度及優先次序。

如果你負有「當責」，天災都不能怪，何況是人禍，更何況這人禍還是起自蕭牆內！

未做好產品關聯性管理

產品經理的 PM 通常是一頭鑽進研發，視他務為雜務或無物。

下圖 10-12 說明 PM 對「外務」的接觸頻度與重視程度：最頻繁的是 5，最少接觸的是 1。

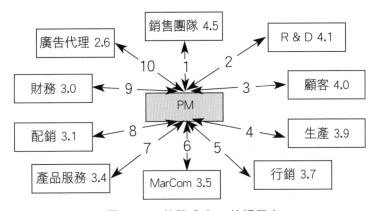

圖10-12　檢驗成功PM接觸程度

(取材自：The Product Manager's Handbook 2000.)

你還可能「意外」發現：PM 最經常接觸的是「業務人員」，然後才是「研發」以及不相上下的「顧客」，然後是「生產」……，最後連「通路」與「財務」都還有超過3.0的頻繁度。

就是因為「外務」的接觸太頻繁了，所以乾脆加強直接責任，組成了跨部門團隊。又有因新產品特殊，PM 有時並非研發高手，而是由行銷或工程人員擔任，更容易成功。

新產品開發失敗，據調查統計，有 85 ％是因對市場／客戶不夠了解；這樣的結果，最終該怪誰？PM 是也。

未釐清角色與責任（role & responsibility）

PM 不像 PM：你是 ARCI 中那個負有當責的 A 嗎？還是一個模稜兩可的 "coordinator"。這個「協調者」位置，案成時俟機摘果實，失敗時可適時逃避責任？

成員不像成員：說是頭戴兩頂帽子，其實是腳踏兩條船——隨時準備開溜。成員沒有個人當責、個體當責、乃至對集體成果的觀念是致命傷。

跨部門團隊應以 ARCI 澄清角色與責任。複雜的，如前述的美國 EPA 大型專案之責任圖表：左側是流程與程序，上側是位置或人員，中間是 A、R、C，或 I；講清楚、寫明白，全案連綿十幾頁。如果是小案子，則是一頁搞定，卻威力無窮。

各級的當責與 ARCI 是行前教育、行中教導的最好工具；因為，成員來自四面八方，你更需要釐清角色與責任，釐清當責與負責，確定共同的目標。

你的成員來自各有關部門，有些「能者」還戴多頂帽子，有些人職位也不比你低，有些人還：

* 不曾一起工作過。

* 竟是冤家路窄──以前曾有過衝突，曾直接或隔空打過一場地盤爭奪戰（turf war）。

* 緣慳一面，未曾相識。

後面兩種狀況，在跨國性的虛擬團隊中最常遇見。有時，成員還來自客戶或供應商。所以，有共同目標、有共識工具、有共同語言、有共有流程，是大助力。

本書所討論的「當責」當是最大助力之一。

缺乏對「行為」因素的管理

因為英雄好漢來自四面八方，專長不同、特性互異，在團隊管理過程及其後之績效考核標準中，最好先列入「行為」因素。微軟公司赫伯的建議中，有一個成功實例是這樣訂定的：

* 成員績效考核：50％技能表現

　　　　　　　　50％行為表現

* 領導人績效考核：1/3 領導能力

　　　　　　　　1/3 技能表現

　　　　　　　　1/3 行為表現

當團隊的成熟度比較高時，甚至還可以做到成員間的相互評估。至於採用什麼樣的行為準則乃至價值觀，就各憑慧眼與共識或專案需要了；例如：「當責」、尊重別人、有話直說、熱情工作，乃至「歡樂」一下──HP人說：最佳成果常來自最快樂的團隊。這些行為準則與價值觀需事先說清楚、事中嚴執行、事後勤考核；以維繫高士氣、高效益。把團隊成功的決戰點，由一翻兩瞪眼的最後績效，往前提到行為，乃至態度的階段──是為「態度決勝負」。

一般來說，PM常自嘆的是：有責無權；常爭執的是：先權後責。台積電張忠謀董事長在交大EMBA分享經營經驗時說：「責任比權力要來的早，年輕有為的人勇於負責，權力才會慢慢進來。那些堅持先有權再有責的人，或希望權與責一起來的人，到最後常常是二個都不來。」這段話不知是鼓勵、還是打擊？學校教授可能也不怎麼同意；但，一直是企業運作的現實。

另一方面，「權」「責」相比，「權」也總是不足，補救方式之一總說多多發揮「影響力」，這段話也不知是鼓勵、還是打擊？但，也是企業現實。記得嗎？在前些章中我們還特地定義「權」「責」之間的差距叫「創業家差距」呢！

「權」「責」孰先孰後、孰大孰小，容有爭執，解決方法是：有企業現實；「權」「責」曖昧不分，已是普遍現象，一定要爭辯清楚，而「當責」與 ARCI 正是最佳工具。

領導人能不重視「影響力」嗎？

　　美國輝瑞大藥廠（Pfizer）前董事長兼 CEO，史提爾（W. C. Steere）說：「在輝瑞，你可能主持一個十億美元的新藥開發計劃，但沒有直屬部屬；也就是說，你負責開發並執行一個很大計劃，很需要別人的強力支持，但這些人並不報告給你。我們最有效的 PM（產品經理）有能力影響別人，而不是直接控制別人。」

　　我第一次看到這段談話時，是看中文的，覺得不可思議。如此這般十億美元的產品計劃，實在太大，是不是翻譯有誤？於是，覆查英文原文，果真無誤。才警覺原來無部屬的跨部門團隊經營範圍與規模可以再放大幾十、幾百倍！史提爾還進一步指出，輝瑞的高階主管多是從這些成功的 PM 選出來的。

　　所以，動不動就說要把人調到自己部門內才能做事的經理們，是要趕緊反省的。

> 「領導力無法被授予，無法被任命，無法被指派；領導
> 力唯有來自影響力。 ——約翰・麥斯威爾
>
> *The leadership can not be awarded, appointed, or assigned.*
> *It comes only from influence.* ——*John C Maxwell*

其實，專案經理對其所領導跨部門團隊的成員，也不是
完全沒有控制權；參與打考績就是其中之一，你是可以要求
依成員的參與時間比例，主動與成員的部門老闆提供／分享
資料、共同考核的。台灣的趨勢科技公司就曾說明五、六位
多國主管如何合打一位成員考績的故事。你也可用專案預算
及有關資源來控制／支援成員，透過自己直線或計劃老闆或
人力資源部門產生作用，建立影響圈。你還是可以威迫利誘
──典型的棒子與胡蘿蔔，你還有什麼辦法？技術權威？德高
望重？溝通高手？賦權賦能高手？

在知識工作者時代，史提爾的「有能力影響別人，而不
是直接控制別人。」勢將成為企業生涯發展的一項 KSF（關
鍵成功因子）。

「如何提升影響力」在西方企業管理中，一直普受重
視。企業人也都用心學習並運用。君不見，戴爾・卡內基

一本 1937 年寫成的著作《如何贏取朋友並影響別人》（How
to Win Friends and Influence People）暢銷數千餘萬本（據
說，銷量世界排名第三，僅次於聖經與毛語錄），進入 21
世紀的今天，仍一直在競爭激烈、新書如林的亞馬遜暢銷商
業書籍排名中，長期高居前一、二十名！

　　企業有心人挖掘被塵封的人性原理與寶藏，不只早到
1937 年，更往前追溯自古希臘與中國聖賢。底下引述希臘
聖賢「三部曲」哲理，也期待對「如何提升影響力」有所助
益：

第一部曲：Ethos（伊索思），精神特質

　　　　需具備倫理道德本性、個人可信度、誠信正
　　　　直（integrity），與專業能耐（competency）。
　　　　必須是一個值得信賴的典範。

第二部曲：Pathos（卑索思），情境感傷力

　　　　需具備同理心（empathy）：感覺、看到別人
　　　　的感覺與需求。
　　　　必須是一個能先瞭解別人，再求被別人瞭解
　　　　的人。

第三部曲：Logos（邏果思），邏輯思維

　　　　需具備邏輯力、能力、說服力，與權力，能

發揮在思考與簡報上。

必須是一個能被別人瞭解，然後與人互相瞭解的人。

可以肯定的是：而今而後，在知識工作者時代裡，「影響力」的運作與發揮將更盛行；不要等到了白頭，追求了半輩子的「權」終於到手，卻愕然發現「權」不宜多用，還是「影響力」更順手。

台灣「104人力銀行」創辦人楊基寬在台灣為無數企業，召募無數人才，有感而發曾說：「台灣上班族最致命的缺陷就是有 skills（技能），沒有 style（風格），就像一個無所不知的女神，卻有一項致命缺點，就是沒有人相信祂。」他繼續說：「沒有 style 的主管或專案經理，不易獲得同伴的認同；做起事來，事倍功半。」

他結論說，專業技能到一定水準後，「style 才是最後勝出的關鍵。」

楊先生所謂的 "style"，質言之，即前述三部曲之執行細則，雖不中亦不遠矣。也請回溯圖4-2中之左側內容，有系統、有計畫、有目標、有自信地自我提升「風格」。

> 「你不能光坐在自己的『穀倉』裡，寄望大功告成。」
>
> ——哈特雷，全錄公司副總裁
>
> *You can't just sit inside your own silo and expect to be successful.* ——*P. Hartley, VP. Xerox*

> 「四方來會是個開始，聚結一起是個進步，工作在一起就是成功。」 ——亨利‧福特
>
> *Coming together is a beginning, staying together is progress, and working together is success.* ——*Henry Ford*

10.4.6 怎樣建立一個成功的跨部門團隊？

談過失敗主因後，現在應該再從正面角度來看怎樣建立一個成功的跨部門團隊。也許，更應該先談成功的跨部門團隊有些什麼好處？形成何種競爭優勢？值得如此努力嘗試嗎？

前述各章節中，其實已分別談過跨部門團隊在成功運作後，可以建立的一些競爭優勢；現在，做個綜結，至少如：

1. **速度高**——是一組精兵；專門縮剪各種商業活動的週期時間（cycle time）。以新產品開發為例，跨部門團隊再加上流程管理，新產品開發時間大都可縮短達

40％以上。在美國所做六大類新產品調查分析中，開發難度最高的「世界最新」級（new-to-the-world）與「公司最新」級（new-to-the-firm）新產品中，95％以上的優良公司都擁有跨部門團隊。挑戰比較小的「改良」級新產品的開發，也有 60％的優良公司在運用跨部門團隊。在寸時寸金的現代競爭裡，週期時間總是決勝關鍵。

2. **客戶聚焦**——是一條龍；能有效集中公司的有限資源，聚焦在真正客戶的真正需求上，而且「隨需應變」。團隊跨部門後，焦點會很自然地轉到外部的客戶上，在客戶需求的精準度掌握上會提高命中率；有時，客戶甚至也成為成員之一，共同開發出真正需求的新產品。

3. **單點接觸**——是一點最靈；對內，讓組織有了聚焦點，提供整個計劃的資訊與決策，不打迷糊爛仗；對外，在客戶處造成如戴爾所標榜的："a single point of accountability"（當責式單點），不要讓客戶迷失在公司複雜的科技、組織、人際關係上，提供客戶最佳服務。有些科技專家，還喜歡用未來複雜科技「嚇唬」客戶。

4. **簡化組織**——是一刀橫切；切開許多「穀倉」與「封地」的情結；直接簡化並改進組織官僚或複雜困境，因才而精組隊伍，並消除冗贅人員；不只跨部門，還可跨階層；並可與流程管理，相輔相成；活化全組織「穴道」後，進而打通全組織任、督二脈，大幅提升管理的「有效性」（effectiveness）。

5. **有利創新**——團隊有各種成員，具有不同經驗與背景，每能激發多重創意，組合成最佳解題技巧與方案。

6. **加速組織學習**——成員能有多種新的接觸、學習，與成長；跨出原有領域，從各種不同硬技術到各種不同軟功夫，帶動團隊學習甚至擴及組織學習。

概言之，在許多公司的經驗裡，跨部門團隊能在效率（efficiency）上縮短「週期時間」約40％，在效果（effectiveness）上逐漸形成 1+1>2 乃至 1+1>>2，而更重要的是：更能準確命中客戶甚至移動不已的目標。當然，也有慘痛經驗是：跨部門團隊又被許多「穀倉」與「封地主義併發症」所擊敗，成了事倍功半乃至無效的團隊——本欲破敵，反為敵所破；知彼知己，當責不讓，才能百戰不殆。

那麼，建立成功的跨部門團隊有那些要點？

最重要的首推：慎選領導人——縱使資格毫無問題，也不宜是個 "Accidental PM"，否則隨後常常是 Accidents（意外）不斷！

1. 慎選領導人

團隊領導人的資格除了專業能耐外，首要是當責的認知、認同，與紀律，及「當責不讓」的勇氣，然後：

* 想清楚專案願景與大目標；縱然是「上級交辦」事項，或理所當然、順理成章的案子，也要認真想清楚。如果，你沒說服自己，你就不可能說服別人。成立團隊、解決問題，宛如鳩工造船：不要只是找來工人、提供木材、準備工具、分配工作等等；而是，還要能夠整合他們，提升心靈，讓他們能渴慕那無窮盡、充滿挑戰的大海——如聖艾修伯利（A. de Saint-Exupery）在《小王子》中所描述的！而與造船更不同的是，你將面對的是一組精英級知識工作者，他們的要求比造船工人或航海水手還要高。

* 開始招兵買馬；如果你很幸運，有權選人，那麼妥善經營與運用各種「利害關係人」的關係，全面發揮影響力。重點是，要人時常不需要全人全時，要估計時

間百分比,以增加談判空間。要客戶介入嗎?客戶也可以是成員。如果難以自由選人時,也非世界末日,加強瞭解成員需求與價值觀,多做些一對一式的懇談。

● 確立自己的角色與責任;確定自己是在 ARCI 中的 A,或先只是「協調」?要求或爭取應有的授權與資源──通常不會自動進來,也為自己找找 C,C 可能是自己的直屬老闆、他部門的老闆、外界的顧問,或組織內可助你成功或避免你闖禍的資深大官,甚至當贊助人(sponsor)或成為「貴人」。

2. 重整共同目標

● 讓全員參與;在既有大目標之下,重新檢討、修正中小目標,及個人目標並連線校正,凝聚共識。

● 建立團隊價值觀;例如信任、尊重、當責等等,成為共同語言與行為準則,乃至停止吵架的原則,與績效考核的權重因素。由此建立團隊文化嗎?

● 了解績效評估標準;與各老闆們建立共識,以獎金與非獎金方式做成獎勵。

3. 投資行前訓練

這是 "Accidental PM" 加上倉促成軍後,團隊的最大麻

煩。如無行前訓練，之後常各行其是，然後是潰不成軍，最後一起怪罪不可控制因素。行前訓練要訓練什麼？至少是：

- 當責的紀律與工具，角色與責任的釐清。
- 領導人與成員的團隊合作訓練，人際關係訓練。
- 有正式的「開工會議」，或「誓師大會」（kick-off meeting）：把大中小目標、里程碑、價值觀、工作流程、角色與責任、大海中的可能挑戰都說出來，不要心存僥倖：「我以為你知道。」

4. 追蹤（follow up）

追蹤時限（deadlines），及里程碑（milestones），再難訂也要訂標準，再無情也要做好追蹤，並從中改進與學習；沒達標時，嚴格要求詳細改進計劃（gap-filling plans）。

5. 追求「回饋」（feedback）

老生常談，但這也是從彼得‧杜拉克到各成功經理人所一直大力鼓吹的。也做「前饋」（feedforward）——較新概念，是著名的「CEO教練」葛史密斯（Marshall Goldsmith）所大力鼓吹的。所以，三個 "F"：Follow-up（或 follow-through）、Feedback，及 Feedforward，構成執行力的三個法寶。

6. 報告

別忘了，報告是「當責」裡很關鍵的一關，領導人需不時對內、對外做報告，報告進度、報告成果、也報告負面成果。成員也須對自己負責部分做報告，以建立自己工作上的「所有權」感。

7. 跨部門團隊內還有一種看似簡單卻是最難的挑戰──溝通

團隊溝通的最佳環境是同室工作，大家濟濟一堂、無所不談，凡事也無所遁形、腦力同步激盪。衝突少了、綜效多了，所以韓國 LG 的新產品團隊會關在一棟大樓裡，不成功連家都不回，老闆還會幫忙員工出證明給太太們。同室如不成，同地區（co-location）也成；3M 的一項有關溝通的報告指出，空間距離大約大於 100 公尺後，人類溝通的意識、欲望，及效果就顯著降低了。雖然，現代溝通技術多樣化，也方便許多，但「面對面」的溝通，永遠是不可或缺的一環。在跨國、跨時區的跨部門團隊中，一定要設法降低溝通不良所造成的衝突，進而提高綜效，否則我們常遇見的跨部門團隊對話，會變成如此這般：

* 我以為你知道！
* 你應該瞭解我原來的意思的！
* 我們技術人員都會這樣認為的。

* 這是銷售上的普通常識。

* 你們 RD 人員總是那樣！

* 理所當然、昭然若揭；我不用講，你也該知道！

* 我們的目標，確是這個？你開玩笑的吧？

* 這些目標太打高空了吧？

* 老闆這個決定一定另有隱情，隱私不可測。

* 老王這種做法會害了團隊，但我管不著。

* 這個錯誤不可原諒，他老是這樣。

* 不要怪我，這是他們的主意。

同樣地，上述諸例中，你都可以看見「當責」有用的影子。適當的溝通媒介也很有效，如：

* 持續不斷的 e-mails，包含所有涉入的人，含利害關係人。

* 經常性的電話會議；雖看不到臉及表情，但聽其聲如見其人，多人互通，效果更好。

* 使用電話留音；不要接不到人就掛了，掛了就忘了，卻以為打了，就留下話吧，也是一種重要溝通方法。

* 三不五時來一次面對面會議；我曾參加過幾個跨國團隊，我們總是會找個時間、找個國家，相聚一堂啤

酒相歡，或來個爬山「高峰會」，還曾在韓國三溫暖過。

* 即時的視訊會議；聽其聲也見其人、知道沒人打瞌睡、還可「觀其眸子，人焉廋哉」？

* 資訊網站及內部刊物的溝通。

* 成員間聯繫的各種電話；你的成員間，甚至互有緊急時的連絡電話或方法嗎？

以上所列，俱屬「普通常識」（common sense），但普通常識常不等於「普遍作業」（common practice）──我們有很多科技專家是不願做這類「俗事」的，情願留在：「我們相處這麼久，你應該知道我的心。」的自我邏輯通路上。在溝通上，沒有過度溝通（over-communication），只有溝通不足，溝通不足一定會傷害跨部門團隊的有效運作。

常說：「這件事非常重要，請注意聽，我只講一遍！」的老闆，一定不是溝通良好的老闆。GE 的前 CEO 威爾許曾說過，重要的事，在公司各種場合中，他通常要講上一千遍！

回顧與前瞻：

本章是本書最長的一章，會不會感到又臭又長？

回想初版談印書時，編輯曾建議刪除，我不忍割愛而留下來。有年，在竹科的一次研討會中，學員們說，這章是為他們而寫的，寫出了他們心中難以言宣也難以抓準的許多爭扎；謝謝他們這麼耐心地看，也仔細地思考、審查與應用。

又記起，在台北一次為一家數千億級高科技公司主持的一次一天長達九小時的高階主管研討會，公司總經理在會後總評時第一句就說：「我看不出來，未來我們公司的那一項重要計劃不是要用跨部門團隊來完成的！」他隨後鼓勵大家要：為了交出成果，要不惜踩線——踩部門之線、也踩階級之線。場景歷歷猶新，這位總經理當天清晨才從美國舊金山飛回來，九小時研討會後，仍然神采奕奕！

最近的一個主管班上，一位主管評：「全新概念！多年職場經驗及管理心得豁然開朗。透過 ARCI 的操作，應可解決內部錯綜複雜的管理。」謝謝他的短評，我的看法則是，當責其實也非全新概念，相反地，只是普通管理常識，卻是埋在管理人心中深處；我只是挖掘出來，幫忙講清楚，也把背後的邏輯，精準地理清楚。這個背後的思維邏輯，原本比 ARCI 工具重要的，但，ARCI 是工具，反而更獲青睞。

本書中所有論述與 ARCI 工具,全部都適用、也該用於
跨部門團隊的運作中。如果要更簡單來描述,那麼,跨部門
團隊就是指,在 ARCI 中的 R 有 R_1、R_2、R_3、…R_8,他們
分別來自各個不同的部門、甚至不同國家,一起在為共同目
標奮鬥,擁有不同當責,一定要交出共同成果的高戰鬥力團
隊。

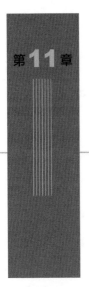

第**11**章

當責——
設定目標與計量管理

你讓部屬「拔劍四顧心茫然」嗎？或偶爾也如此自況？沒
有目標，無從談執行力，當責也頓失依據。明訂目標有其
流程，甚至有國際通用語言，你在應用嗎？訂目標與負當
責是相輔相成，是「普通常識」卻仍未是「普遍作業」…

ACCOUNTABILITY

第三篇首談當責應用時，曾引介所謂的「簡單」流程（SIMPLE Process）。S 是 SIMPLE 之首，其真意為：設定目標。更詳細些是 Set Expectations：把組織、部門、團隊、個人的期望成果（亦即 goals, objectives, targets）理清楚、寫下來；並釐清角色與責任。故，「設定目標」對「當責」應用之關鍵性，不言可喻。

在第二章「從模式與實例中分析當責原理」中，我們曾經討論了所謂的「受害者循環」。為了避免陷入，我們或主動地，或被動地提升，以進入當責世界。在第八章「當責的最高層：企業／社會當責」中，我們在當責的最高層級也討論了另一個循環，就是「企業當責循環」，未來企業也將主動地，或被迫地進入該循環中。

本章的當責應用中，在進入設定目標的主題前，要談第三個循環，稱為「任務循環」（mission cycle），如下圖 11-1 所示：

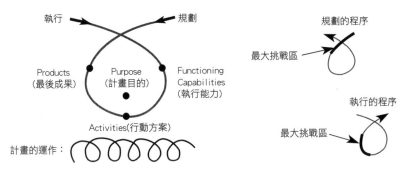

圖11-1 「規劃」與「執行」的基本邏輯與脈絡

「任務循環」圖的形狀像隻兔寶寶；兔寶寶的鼻子處，是永遠縈繞主管心頭的任務宗旨或計劃目的（purpose），小白兔的兩眼與嘴巴分別構成了任務的三大要素：

● 最後成果（products）：這趟任務你要完成的最後成果是什麼？如何定量計量？有時限嗎？

● 行動方案／所需活動（activities）：你要採取什麼樣的行動方案或活動？最重要的三、五項是什麼？

● 執行能力（functioning capabilities）：為了推動這些行動方案或活動，以達成最後成果，你需要什麼資源、支援，及行動能力？

兔寶寶的兩隻小耳朵，組成了「任務循環」的兩個基本邏輯脈絡：「執行」與「規劃」。兩種功用，方向正相反；一個順時鐘，一個逆時鐘。清清楚楚，可惜仍經常造成許多

華人經理人在管理實務上的錯亂。

當你要「執行」一個專案計劃時……

你以順時鐘方向,依循環而進。首先你碰到了「執行能力」的檢驗。如果各項功能性執行能耐都已具備了,就繼續前行,到「行動方案」;你依據以前規劃時所做出的各種既定行動方案或活動,全力以赴,執行到底;最後,一定要交出「最後成果」,不管狂風暴雨或風和日麗。

交出成果後,你又接下另一項任務,又進入另一個任務循環,如圖 11-1 之底部螺線圈所示。你可能是執行力大師、使命必達、任務必成;在每次任務中,你的最大挑戰區都在「行動方案」與「最後成果」之間的區域間,那正是「執行力」的展現,很多人或團隊執行力不彰,都在此敗下陣來,也找到了一些藉口。執行力不彰,也很可能先天規劃即已不良。

當你要「規劃」一個專案計畫時……

你以逆時鐘方向,依循環而前進。首先,你碰到了「最後成果」;於是你開始思考,思考各項期望與目標,終於「無中生有」地訂出各項「最後成果」,最後成果規劃好了後,你繼續往前行,你開始要規劃需要什麼「行動方案」?這些「行動方案」是要協助你達成「最後成果」的。然後,

你開始又思考，為了執行這些方案或活動，你需要多少人力？什麼樣的訓練？多少金錢的資源？多少部門的支援？什麼樣的軟體與硬體？什麼樣的團隊成員？等等，這些都是所謂的功能性「執行能力」，是要事先妥善規劃的。

完成這次規劃後，你又接下了另一項任務，進入另一個任務循環，亦如圖 11-1 底部連續型螺線圈所示。

你可能是規劃大師，從「最後成果」經「行動方案」，最後到「執行能力」；你心思細如絲，邏輯力強無比，一步接一步、一環套一環，環環相扣，設想週到，規劃完整。在每次規劃的任務中，你的最大挑戰區是在「最後成果」之前一段上，如上圖 11-1 所示，那是一段思考未來、充滿想像力、卻又要化無為有，訂出很務實目標的區域與挑戰。

我們說過，當責不只為成果負責、為行動負責，也為行為負責、為思想負責。所以，當責在任務循環的這個規劃區域，就已悄然啟動了。

現代經理人的最大挑戰是，他們幾乎都是身兼「規劃大師」與「執行大師」二職；很少人可以「奢侈」地只任其一、專司一職，如同左手不管右手的事。身兼二職的麻煩是，常把「規劃」與「執行」混為一談，糾纏不清。例如，在公司的策略「規劃」會議中，你會聽到有經理人說：「我

沒有辦法預測這種新產品的未來銷售，除非現在先讓我在市場上試銷過。」於是，一下又淪陷入「雞生蛋，蛋生雞」的循環裡，輕易地在「規劃循環」上的最大挑戰區被自己一舉擊敗！身兼二職的經理人也常一邊規劃，一邊執行，造成隨後很多很大的問題。當然最大的問題是，這些經理人常少做甚至不做規劃。

「執行力」是在訂下目標（即，最後成果）後，不論風狂雨驟，或風調雨順，一定要達到目標、交出成果。「規劃力」是無中生有，為未來先訂目標，再設計方案，最後規劃出各種所需資源的能力。

所以，規劃力正是執行力的首部曲！

很顯然地，沒有目標，就是因為沒有規劃；目標不明，就算沒有目標。沒有目標，就無從談執行力。

圖示邏輯清晰若此，實務又何如？然乎？否乎？真的是要訂定明確目標嗎？如何在這瞬息萬變的現代科技環境中訂定目標？一直縈迴經理人心頭，揮之不去，也充滿狐疑。

11.1 目標的迷思與迷失

竹科一位老闆說的：「我的人不喜歡訂目標，不喜歡負

責任。」就是這種典型心理現象了。當責專家與管理顧問，撒姆爾在他的《當責革命》一書中也分享經驗：

「如果管理階層不能明訂目標，員工就無法為績效負起當責；曖昧不明使得員工演出脫線。」

執行力大師包熙迪說：「沒有目標，無從談執行力。」

目標，是「任務循環」中「執行環」的最後一項，卻是「規劃環」的第一項。柯維的《高效人七個好習慣》中的第二個習慣即為：「開始行動時，心中就已存有最後目標。」（To begin with the end in mind）。唐朝大詩人李白詩：「拔劍回顧心茫然」，讀之令人悵然若失，不勝唏噓；我們不要讓自己或部屬擁有銳利寶劍，卻茫然失標的，不知揮寶劍向何方？

想起《矽谷阿標》的一幅精彩挖苦漫畫，漫畫中的老師傅在一旁對已拉滿弓引箭的徒弟說：「徒弟啊，射箭的最高境界就是：沒有目標，你還是射得中，你明白嗎？」好似進入「玄學」世界？或者，是另一個「無極」或「無奈」的世界了。訂目標，是「明確」重要？或「正確」？當然是前者。

回到現實的企業世界。

邏輯就算清清楚楚，但，也難讓有些經理人心服口服；

或者，他們只是在每日數不盡的救火行動中，逐漸迷失；或逐漸有了迷思——開始認為，其實並不一定要明定目標，因為如：

- 不是每件工作都可明定目標。

- 明定目標後有時會抑制創意。

- 我們以前一直未明定目標，也一直很成功；現在為何要多此一舉？

- 有一些事情就是無法去衡量。

- 為部屬明定目標，是否意味著威脅？

- 部屬達成目標後也沒什麼獎勵，何必自討沒趣？

- 明定目標容易在團隊內形成離間，造成不和。

- 我們是有目標，但總達不到，或者改了又改，定了也是白定。

- 我們是高科技業，目標總在快速移動。

- 如何明定目標？眾說紛云，我無從開始。

- 「我盡我最大能力，好嗎？」，「我鞠躬盡瘁，做死了爛命一條，老闆你還在苛求什麼？」

對這些似是而非的論調，領導人必須針對個案，想出突破心防之道。但，更麻煩的是，我遇過有些領導人也是反對訂目標的，他們說：無中生有訂未來目標——未來

兩、三年？未來五年？十年願景？我連今年做多少，明天活不活得過來？都不知道。領導人境遇若此，也不再成為領導人了，離開他們吧！他們連築夢、逐夢、完夢的豪情都已不再了，他們不是領導人（leaders），他們是追隨者（followers）──說不定還只是疲於奔命的追趕者。

在華人組織中，雖身為企業人，卻難免不知不覺地困守一些千年農業社會存留的思想而模糊了目標。例如，有人想都沒想就相信：一分努力，自有一分收穫，不必強求結果；只問耕耘，不問收穫，不必斤斤計較於結果；但重過程，不必重結果，光在過程就收穫很多！工商社會是勢利多了──是要過程也要結果，是要耕耘也要收穫，還要算本益比，要計算值不值得！

目標訂太多、太遠了，或組織太大、太老了，一些人是會常常忘記了所追求的最後結果。於是雖然走出「迷思」來，卻走入「迷失」中──為活動而活動，不是為成果而活動。

美國有一位知名顧問道格拉斯‧史密斯（Doug K. Smith）說了一段有趣卻真實的故事：他曾對一家跨國大公司約百位高階主管提問：「你自己，以及你的部屬們，今年被激勵、被鞭策，要達成的最最重要績效／成果是什麼？」

問題一提出，眾大將譁然：「太普通常識了，不值得回答」，最後在他們 CEO 的堅持下，眾將官才作答。答案一出，CEO 驚異不已！因為幾乎 99％ 的目標敘述都是：為活動而活動，非為成果而活動。史密斯說：大部分組織的大部分成員，在大部分的時間裡，都在為活動而活動。他們的「目標」是「活動」，而活動有無成果，似乎已不太重要。

眾大將官如此行，那麼小官小兵對績效有何期望？你還熟悉，或似曾相識下列情境嗎？小官小兵常說的：

* 不清楚上司期望。能清楚說出上司要求與標準者，據說十不得一。

* 上司自以為已清楚表達期望。事實上訊息模糊，甚至上司也不想表達清楚。

* 上司以為員工自己知道自己做得好不好。事實上，做不好的員工常自認「很好」，或「某種狀況下，還非常好」。

* 上司權責分不清。雖然要求明確。

* 獎懲生疑惑，好績效卻得壞結果。被忽略、被嘲弄為愛現、要求「能者多勞」…因此也代勞了許多「不能者」的事；不照規矩者與「不能者」反而得利。

從這些實例中，你會發現，當責的紀律與工具是直接有助於解決這些迷思與迷失的。設定目標，似乎簡單至極，企業實務中卻不然。大小企業的大小目標在「迷思」與「迷失」中，剪不斷，理還亂。

本章節至此，也自覺長篇累牘，但婆婆媽媽說明道理與實務，無非是要還給「目標」及其後的真正「成果」一個公道。

「目標」之不存，何「當責」、「執行力」，與「成果」之將附焉？能不慎乎！

> 「縱使在練習場，我也從未擊出任何一個不是在我腦中已有一幅非常尖銳、聚焦圖像的球。」
>
> ——傑克・尼克勞斯，高爾夫球一代名將
>
> *I never hit a shot even in practice without having a very sharp, in-focus picture of it in my head.* ——*Jack Nicklaus*

11.2 目標的設定與管理

「當責」與「成果」不分家、不相離，所以西方企業老

闆常說："You hold accountable for results." 指的是：你要為最後成果，承擔起當責。

如果你對當責的概念、紀律與工具已瞭若指掌，並深埋心底，那麼現在的問題是：交出什麼「成果」（results）？——定義成果，是要明確目標。是故，底下由五個角度來看「目標」：

11.2.1 時間的目標

談目標，我們最常指的是「年度目標」（annual objectives）。好消息是，「我們今年底，做多少算多少。」的企業經營者越來越少，大都有了年度目標。

微軟的比爾蓋茲曾說：「我們距離失敗，一向只有兩年之遙。」甲骨文的傳奇 CEO 艾利森（L. Ellison）也說，他們一直在認真執行五年計劃。所以，一年計劃顯然不夠，企業人又推向一種大於一年的計劃，稱為策略規劃。二到三年的策略規劃，我們通稱中程計劃，三到五年的就稱長程計劃了，有些人已經不看那麼長了。

但，有些人看得又更長——這些人看到十年乃至更長。這些更長的目標，我們也可稱它為「願景」（vision），這些有願景的領導人可能成為「高瞻遠矚的領導人」（visionary leaders）。有些不以為然者，稱他們為「打高空」的人。有很多偉大的企業是由這些能「打高空」也能捲起袖子在地下室工作的人建立起來的。

往比較短的目標想，少於一年的，就有日目標、週目標、月目標、季目標，還有超短期、高效能的「下一步」（next step）——太重要了，我將在最後段有詳述。我們常談的專案，它的時間架構就多變化了，從兩、三個月到兩、三年，為了方便追蹤管理，也避免最後一翻兩瞪眼，我們也常在各不定時間中，依工作進度關鍵性，設立「里程碑」，是為「里程碑管理」（milestone management）。

在這些短期目標中，最具關鍵重要性的，除里程碑外，就是季目標了。因為，一年只有四季，如果你季目標沒達到，應該要被烤問得汗流浹背、被釘得滿頭是包、還要立即補上詳盡的追趕計畫（catch up plans）的。

短程目標，西方人通稱：objectives，如 annual objectives（一年計劃）；長程目標則常稱 goals，如 five-year goals（五年計劃）。但，也有少數人認為 objectives 是要比 goals 更長遠而大的。中文的「目標」就是目標，把時間加在前面即可，看似簡單扼要，事實上卻引發更多迷糊仗。

11.2.2 目標的內容

老闆心中的目標,不管說幾遍,常常還是與部屬認知的目標不同。

柯普蘭在平衡計分卡中推介的目標概念,已漸成國際共同語言,有助澄清。不可不知、不宜不用,他認為目標的內容,有三個層次:

第一層是 objectives(策略性目標):是目標大項。

第二層是 measures(衡量指標):是細項,為達成 objectives 而提出的各種勢必加以衡量的較小項目。在英文管理文獻上,也有用 metrics 或 indicators 來表達的——如 KPI 管理中的 I 即 indicator;故,與此屬同一層次。

第三層是 targets(指標數值):是數字,各項「衡量指標」之下都要有數字,數字還可分為基準值、目標值、延伸值。重點是一定要有數字,有數字才能衡量得失。

準此,則所謂「明定目標」指的是,我們訂了例如下列的目標:

「我們今年的策略性目標之一是,提高新產品營收。新產品營收中,有一項「衡量指標」是:新產品在客戶中的佔有率;其中對 A 級客戶的「顧客佔有率」在第三季中要提升到 35%,對 B 級客戶⋯⋯」

當然，在「衡量指標」中，除了「新產品在客戶中的佔有率」外，仍要選定其他幾個關鍵性指標，各指標之下仍各有其選定之數值；這些指標加數值，綜和後，承上啟下連結、貫徹、實踐、評估、獎懲，即是平衡計分卡系統運作的精華部分了。

　　另一方面，在「衡量指標」中，總和多個關鍵性指標後，亦構成了所謂的 KPI（Key Performance Indicators）管理。這些 KPI 如非源自策略性大目標，則短期無礙，但長期可能與大策略脫勾；故，為柯普蘭所不喜，並頻提警告——三個目標層次都要。但，只依「利害關係人」的需求，而簡化、選擇、應用第二層「衡量指標」項目的一般 KPI 法則，卻仍普受企業人歡迎。也有越來越多的組織，在應用後，分享越來越多的有用實例。

系統化解構：目標

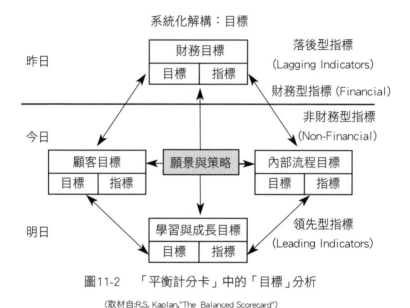

圖11-2　「平衡計分卡」中的「目標」分析

(取材自:R.S. Kaplan,"The Balanced Scorecard")

系統化解構目標內容後，正如上圖 11-2 所示。

所以，平衡計分卡的目標內容是平衡了：

● 財務性目標與非財務性目標。

● 內部目標與外部目標。

● 落後型目標與領先型目標。

● 昨日、今日與明日型目標。

在第十章中，我們討論過企業當責。企業對廣大社會中的利害關係人已經要「自願」或「被迫」地負起當責，所承擔當責的目標項內容即加強了「非財務性目標」中的「社會

性目標」。

所以，企業訂目標，內容不能再只侷限於財務性目標，應當增加非財務性目標；非財務性目標事實上是財務性目標的幕後驅動因子，也是領先型、明日型目標，是對企業本身長期經營有利的、是能形成「競爭優勢」的。

11.2.3 目標的數值化

目標的第一層與第二層項目釐定清楚後，再下來最重要、最困難，甚至具有爭執性的工作，就是數值化了。

指標都可以數值化嗎？有些的確有困難，但先看看 19 世紀英國物理與數學家凱文（Lord Kelvin）──溫度指標的 K 值指標就是他建立的──的說法：

> 「當你對所要表達的事，可以進行衡量，並以數字陳述時，表示你對此事已有相當了解；當你仍無法以數字陳述時，表示你對此事的了解仍是貧乏與不足。」

美國有一家顧問公司經實地廣調後，報導了如下結果：企業經營中有 93％的目標，可以訂出數量化的目標值（targets），但仍有 7％需使用主觀性的指標，如：優、良、中、可、劣等。

所以，93％遠比我們想像的高出許多，也證明我們訂定

目標的數值化，仍有很大的改進空間。

　　一般來說，要估量「指標數值」，有下述這些資料來源可供參考：

● 員工，讓員工參與；但，小心選手兼裁判的現象。

● 商界趨勢分析及其他統計技術。

● 高階經理人訪談；請及早訪談，或座談。

● 組織內部，或外部評估會議。

● 客戶及其他利害關係人之回饋。

● 工業界之平均值。

● 標竿學習（benchmarking），向業內明星學習；但，小心不同重點訴求與活動組合的陷阱。

　　也沒什麼大學問，簡單來說是：老闆怎麼說、大家怎麼說、外界怎麼說、趨勢怎麼說；然後，建立基準值（baseline）、商定目標值、依狀況再加上延伸值（stretch）──延伸值通常指的是：沒達到時不罰，達到後有大獎的激勵性目標。是威爾許時代 GE 常用的方法。

　　訂定指標及指標值，還有個簡單通用的方法，習稱為 SMART，亦即要 Specific（特定明確，非含糊籠統），Measurable（要定量有數字，至少等級標準），Aggressive yet Achievable（要有積極性、挑戰性，但非高不可攀），

Relevant（要有實質關連，非打高空、敲邊鼓，或虛晃一招），Time-bounded（要有時間限制；過了 deadline，就是 dead 了。）

11.2.4 當目標明定後

當目標與指標確定後，例如做完 objectives, measures，及 targets 三者後。彼得‧杜拉克說：

「決定仍未完成，除非員工知道：

* 誰是『當責者』？

* 何時是『大限』（deadline）！

* 誰會被影響？通知了嗎？要了解：核准後至少不會被強烈反對。

* 誰還需要被通知？縱然他們不是會被直接影響。」

同樣地，在這個過程中，我們也可以嗅得到 ARCI 的味道。簡言之，要做的事就是：

溝通：上情下達、下情上達；沒有溝通清楚，目標不成目標，連策略都不成策略。

協調：不只垂直的功能性組織、還有平行式的跨功能組織。

連線（alignment）：把儀錶盤（dashboard）後面的所有
線路與各分機、主機完整連線後，各種行動方案
（initiatives, tasks, processes, projects, programs...）出
爐。最後，還是不能忘記的是要確認「當責者」。

現在，重回到我們的「任務循環」上。規劃之環由「最
後成果」進到「行動方案」，然後到「執行能力」；執行之
環則反其道而行。在整體「任務循環」上，當責的紀律與工
具如：個人當責、個體當責、相互當責、團隊當責、合體當
責，乃至組織當責，與企業當責都已成定目標、完目標、交
出成果的關鍵了。

「如果你不能描述，你就不能計量；如果你不能計量，
你就不能管理。」

——柯普蘭，哈佛教授，「平衡計分卡」創立人

*If you can not describe, you can not measure; If you can not
measure, you can not manage.* ——*R. S. Kaplan*

> 如果你不能計量，你就不能改進。
>
> ——葛洛夫，Intel 前 CEO
>
> *If you can not measure, you can not improve.*
>
> ——*Andy Grove*

> 被計量過的，就會被完成。
>
> ——休利特，HP 共同創立人
>
> *What gets measured gets done.*　　　——*Bill Hewlett*

11.2.5 那麼，你的「下一步」是什麼？

目標是個人與團隊的生命之泉、活力之火。

前面已由四個角度看過目標，如再以時間的角度來想一想：有長程的願景，有常見的年、季、月目標，有短短的週、日目標。現在，更有超短的「下一步」（next step, or next action）！

你的「下一步」是什麼？

這個超短型「目標」其實是啟開「行動引擎」的第一擊，它宛如讓輪胎撞擊了路地，所以威力是強大無比。大衛・亞倫（David Allen）在他的暢銷書《成事》（Getting Things Done）中，也特別強調了「下一步」的重要性。他

說，在他二十餘年的顧問生涯裡，對許多高階主管乃至一般
主管最有效的提問總是：那麼，你的下一步行動是什麼？
（So, what's the next action?）

舉例來說：

● 如果你已規劃完成，半年後全家要去渡個長假。討
論完成後，不要以為大功告成，把計畫妥善收藏，
或束之高閣。要問一下自己：「我的下一步行動是什
麼？」──找出旅行社老王的電話？撥個電話給他？
自己撥？或要兒子代勞？

● 如果你已計劃好半年後推出新產品，很想確定客戶
需求有否改變？問一下部屬：「你的下一步行動是什
麼？」──找出那個關鍵客戶老林？撥個電話給他？
寫個 e-mail 給他，約個時間聚聚？

所以，自問、問同事、問部屬：「那麼，你的下一步行
動是什麼？」會迫使人們：

● 即時澄清問題；例如，能在會議結束二十分前，提請
有關人等明確地做出一個決定。

● 找人負責行動；例如，有特定的人會採取一個特定的
行動，並負起當責。

402

* 貢獻出生產力；只有行動，才有生產力；一小步逐漸
  匯成一大步。兩年目標不是兩年後才做，是由今日的
  下一小步逐漸去完成。
* 提升成事的能力：停止推拖、不再觀戰、積極主動，
  做自己的主人，當自家船的船長；不需等到窘迫不堪
  才倉皇去做。

「目標」標示著百里路，百里路始於第一步。希臘諺語
說：「開始」是每一項行動的一半路（The beginning is the
half of every action.）。超長的目標是引向無窮的生命力，超
短的目標則激發無比的活力；沒有目標，無從談執行力，如
果你已訂好大大小小、長長短短不同的目標了，那麼，再問
一次："So what's the next action?" 讓輪胎開始撞擊馬路！

或許，文學家深邃的思維與細緻的觀察中，也可以幫助
企業家更為成功。馬克‧吐溫如是說：

「超前一步的秘密是開始第一步；開始第一步的秘密是
先把複雜無以倫比的工作，分解成可管控的小小工作；
然後，啟動第一個小小工作。」

每一項任務都會有一些目標，「下一步」算是一個超短

期的目標,在這個超短期的時間節點上,目標與行動已合而為一——next step 成為 next action。所以,問一問、問自己、問他人:

「下一步行動是什麼?」(What's the next action?)

勢將成為訂定目標、採取行動中,最重要的一擊。

> 「不論難題可能有多大、多難,排除迷惑要靠的是,採行一小步——指向最後答案的第一小步。開始做些事吧!」
> ——喬治‧諾登霍
>
> No matter how big and tough a problem may be, get rid of confusion by taking one little step toward solution. Do something....　　　——George F Nordenholt

回顧與前瞻:

在日常管理裡,設定目標仍是個大問題,最常見的狀況仍是:上級交辦、奉命行事、乃至屈打成招。在未來,我們有機會讓目標訂定成為一種協議嗎?讓人擁有對目標的擁有感嗎?更能交出成果而更有信心與成就感嗎?

有。答案在 A 與 C 兩方的手上,工具則回到「兔寶寶」的頭上。首先,A 必須具備優良的「規劃」能力,從「最後

成果」下手，想好各種財務與非財務目標，並設法向上與策略取得連線；然後，進入「行動方案」，想好各種所需的活動與方案；最後，根據這些活動與方案分別想出在人力、物力、軟體、硬體等等方面所需的資源與支援。由這些資源與支援的取得狀況，再與 C 要求的目標做合理協商。協商時，雙方的基礎考慮因素常是：兔寶寶嘴巴處的所需「活動」與「方案」，與鼻頭處的「計劃目的」。

如此這般，在兔寶寶的兩眼與小嘴之間，依序正反來回走幾趟，一個有合理資源與支援，有適當活動與方案，以達成一個雙方滿意的最後成果／目標就完成了。

其實，這也是前述 QQT/R 訂目標法的基本道理，更是彼得‧杜拉克倡導的「目標管理」的基本精神。兔寶寶的下半臉，因被來回走了幾趟，也更像長成絡腮鬍了。

如果，你發現目標訂得不合理，年年難如意，總多垂頭喪氣；因為，屈打總難成招。那麼，不如開放些，讓兔寶寶在規劃時長個絡腮鬍；其實，你的執行力在「規劃」時已決定了百分之六十至八十，這也正是我們在許多研討會後的決論。最後，超級重要的是，把鼻頭處的「計劃目的」花上更多的時間想個透徹——為什麼要有這個計劃？會造成什麼衝擊？想清楚後，這裡可能成為成員與自己的熱情之源！

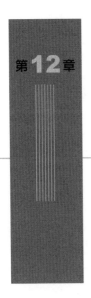

第 12 章

當責——
培育領導人才

你是「將」將，還是「將」兵？強大將手下無弱兵，卻有
眾多弱小將！你能授權也授責嗎？你肩挑的責任是過重，
還是過輕？你知道「責任學」如「熱力學」有守恆定律？
你有「責任感中毒」現象嗎？當責是治病也是強身良方。

ACCOUNTABILITY

「當責」的權責授受，與 "ARCI" 的模式運作，可以協助你培育新領導人，並防止自己感染「責任感病毒」。

責任過高或太低都是病狀，被稱為「責任感中毒」；所中之毒就是「責任感病毒」。許士軍教授曾說，這種責任感病毒，帶給組織的殺傷力，不下於狂牛症、禽流感等真病毒對社會的傷害；因為，這一種組織病毒所破壞的，乃是決定一個組織核心和活力來源的 DNA——「責任感」。

如果，你是個勇於任事的領導人，你一定是勇於負責，且「當責不讓」；但，有沒有太夠「神勇」以致於負責過度，沒想到授權授責，也忘了培育新的領導人？

如果，你的職責正不斷提升擴大，可能是個未來領導人，你現在可能在遲疑，多少責任才算負責？權、責為何不平衡？在等「權」下放來臨時，你甚至於責任過低？你甚至於害怕責任？

在負責任的過程中有所謂「責任階梯」，階梯的上下兩邊極端處，正是「責任感病毒」的溫床。培育自己與他人，有 ARCI 模式、有「責任階梯」，步步而行，應可平安無事；但，實際過程可不平靜，要防止的總是「責任感中毒」症——自己中的，別人中的。

GE 前 CEO 威爾許曾說：在成為領導人之前，你是在栽培自己；在成為領導人之後，你是在栽培別人。

誠哉斯言也。

現在，你已是領導人——從大部門的大領導人，到小單位的小領導人，或小小領導人。你已身在其位，你不是在競選；所以，開始栽培他人、幫助他人成功吧——說不定，成就的是比自己更大的成功；但肯定的是，必定會讓自己更成功。

12.1「責任感中毒」與「責任階梯」

加拿大多倫多大學管理學院院長羅傑‧馬丁（Roger Martin）在長達二十餘年的顧問生涯裡，曾近距離觀察許多執行長、總經理、董事等高階經理人及其組織，發現他們常被所謂的「責任感病毒」（responsibility virus）侵蝕；中毒後，有兩種病態：第一種是親力親為、獨斷獨行的英雄式領導，抱著個人所無法承受的過多責任，「以天下興亡為己任」；終而引發失敗，造成組織內更多的不信任、冷漠、挫折、退卻，與悔恨的環境。第二種是另一面極端，想盡辦法或天生自然地推卸責任、逃避責任，造成的也是與第一種病

毒所形成的類似的組織環境。

馬丁院長進一步推論：企業運作在任何狀況下，責任都有一個定量。如果有一方承擔過多的責任，另一方就只需扛起剩下的較少責任。他稱這種運作法則是「責任守恆定律」（Conservation of Responsibility），一如熱力學上的「能量守恆定律」：在密閉系統中，能量不會增加，也不會消失，但會轉換。

能量會由動能轉換成熱能或位能。責任的轉換經由授權，有不同程度的授權，從一人轉到另一人；也可能不經授權，全憑自由運作，毫無章法。但，正如前面章節中所述的，縱然有「授權」（delegation），也常只授出權柄，並未「授責」，亦即，並未要求責任。以 ARCI 的觀點來看，上司仍是 A，被授權者頂多只是「較大的 R」或「更大的協調者」。上司有時連權柄也未真正授出，所以「責任」總是未完成所需的轉換過程。

真正「賦權」（empowerment）時，上司已退為 C，被賦權者不只獲得權柄——雖不一定十足，也承擔起當責——真正當了 A。這時，「責任守恆定律」起了作用，責任上也互相有了加減，完成了轉換。責任守恆定律是：A ＋ C ＝ K（常數），A ＋ R ＝ K（常數）。

「沒有任何一個人，能成為一位偉大的領導者——如果他想自己包辦所有的事，占有所有的功勞。」

——卡耐基，美國鋼鐵大王

No man will make a great leader who wants to do it all himself or get all the credit. ——Andrew Carnegie

企業界「賦權」的執行狀況並不理想，原因何在？柯維做過有系統的調查，在他《第八習慣》著作中，公告調查結果如下：

1. 經理人害怕放手……97％
2. 整個組織的系統無法協調一致……93％
3. 經理人缺乏技巧……92％
4. 員工缺乏技巧……80％
5. 員工不願承擔責任……76％
6. 經理人太忙碌了……70％
7. 管理制度偏向控制型……67％
8. 員工不能信任經理人……49％
9. 員工缺乏誠信……12％

所以，授權授責窒礙難行的主因是：經理人害怕放手、也缺乏技巧，員工受權受責也缺乏信任與技巧，整個組織的

系統與管理制度也不一致。看到了嗎？本書《當責》正是要解決上述八大問題，在國內職場上，情況相類似，如果，你問經理人為何不授權？通常回答總是：

1. 授權花費太多時間，比我親自去做還要費時

很多高科技從事人員多有此說；其實，這只是一個自我合理化的想法，事實可不然。縱然果真如此，為日後長遠計，這種時間投資也是值得；否則經理人日後仍需重覆工作、日理萬機。

2. 我的部屬，經驗與技巧真的都不足

那麼，確實不能授權授責，會誤人誤事的；收拾善後時，更可能貽誤戎機。但，解決之道是：趕緊有系統、有紀律地訓練人吧；今之「能者」不宜多勞，而宜多思。

3. 我不信任我的部屬

俗話不是說：「如果想要把事情做對，就自己做吧。」現在，就別這麼「俗」了。要仔細思考你不信任部屬的真正原因，然後對症下藥，避開弱點、善用強項。每座高山都有高峰與低谷，每位人才都有強項與弱項；硬做平均後，人才都成了庸才。

4. 我喜歡自己做

這事正是我的專長、我的長門，自己做起來又快、又

好、又有成就感；其實我也正是靠此專長升官的。但，好的經理人會從整個組織與人才培育的角度重新思考；如果只有你能做，你就卡在原位，再也升遷無望了。

5. 這點有點不好意思：我擔心他們可能做得比我更好

聰明經理人知道：樣樣通，樣樣鬆，自己不可能全精通，科技世界尤然。故，不只用人用強，也不怕屬下比較強；多發揮管理與領導長才，不要在技術上爭風吃醋、爭強好勝。

不願授權、不會授權；如此這般，國內外皆然。影響所及，最後是「責任感病毒」入侵，組織呈現中毒現象，無由培養領導人才，無法提升執行力。

馬丁院長診斷出了病毒，也提供了解毒法——一個六層的「責任階梯」（responsibility ladder），給經理人與員工一個授權授責的步驟，也給員工一個爬升與學習的階梯。我在參悟其中精髓、引入個人經驗後，演繹如下以為讀者參考：

最底的第一層：袖手旁觀，置身事外

他們把問題丟給別人，通常是丟給上司。他們表示自己力有未逮、愛莫能助；難得的是，上司也樂得攬猴上背、頂多抱怨幾句。這層是典型的中毒症侯群，部屬完成告知問

題、說明原因之後，就自認沒事了。

第二層：怯於上前線，寧居於幕後

他們要求別人解決問題，但自己在一旁學習，仍無力或不願負責；但，已有一些「抗體」了。

第三層：已做過研究，會請求別人合作

他們已對問題做了初步研究，清楚成因，界定了狀況，能明確請求別人合作或分擔責任，希望把問題系統化。

第四層：想建立合作與夥伴關係

他們已把問題系統化，開發了可行方案，邀請別人一起合作，希望能做出更佳選擇，共組成功夥伴關係。

第五層：願意承擔當責

他們從多項方案中，做出有效分析，敢於選取最佳方案；並向上司舉薦最佳方案，準備執行，願承擔當責。

最高的第六層：做英雄式領導

這是馬丁院長研究出的另一個中毒層，這一層裡的人，他們會思考各種方案，「自行」做出決定，並且加予執行，最後才通知別人。此時，出現的場景可能是如：

「老闆，我發現了一個大問題，幾經研究後，有了四項解決方案；我決定採行第三案，並已於上月初，全力投入推行，謹此告知。」

這種部屬，其實已非部屬，應獲拔升；或者，升無可升，已成英雄，在做英雄式領導了。

在我們的 ARCI 架構中，這個第六層級的人物是個不折不扣的 A，但，已無 C，其他人都已成了 I 而已。如果，他是個 CEO，他沒有 C，毋需諮詢董事會、委員會，或其他顧問人等，成了獨斷獨行者；好險的是，總算事後有告知，還有個 I 的概念，但顯然已太遲。

想像一下，也沒有 I 時，是什麼場景？

第五層級的領導人，是我們 ARCI 法則中的正 A，他的老闆已退為 C，這個 A 有攻有守、進退有據，是個最佳的「賦權」範例。至於從第二層到第四層的人們則是 R 的受責與成長過程，他們逐漸由「依賴」逐漸向上爬升至「獨立自主」，假以時日再加上「互信互賴」特性的養成，就是足堪大任的 A 了；第四層是最佳的 R。

在一個組織系統裡，責任確是守恆的；如果我們不能多培養一些第五層的 A 級人才，或第四層的 R 級人才，我們就會有更多的人承擔過多（如第六層）或過少（如第一層）的責任。兩者都會對組織造成很大傷害。

中毒的最底第一層人，如能知過而改，往上提升，至第

四或第五層，即可授權授責、執行任務了；中毒的頂層第六層人才，通常是悲劇英雄，改變比較難些；如果，這一位CEO還能力超強、道德偏低，那麼必然對組織乃至社會釀成慘劇；一直，國內國外多有不少活生生的範例。

當責的紀律與 ARCI 工具，仍是具體的解毒良方。

12.2 領導人的「教練」能力

領導人不要對組織與社會釀造慘劇，也不要當悲劇英雄。「賦權」後，上司其實還可以更有事做，是為「賦能」（enablement）。

「賦權」在意義上不只是賦予權力，還賦予能力，更細膩來說，「賦能」比較偏重在發展部屬的特殊才能與技巧、信心（confidence）與信任（trust），讓部屬感覺到富饒能力也信心充足；是力上更得力，不只加力以補其能力不足，上司有時也幫忙排除一些心理或官僚障礙，讓這個 A 更成功。這時，上司的 C 可能已悄悄地由顧問（Consulted），更進一步提升為教練（Coaching）了。

「顧問」與「教練」兩種角色是有許多不同；在兩方對話時，對「對方」的重視程度，即可分出端倪。我在參閱黃

榮華與梁立邦兩位所著《人本教練模式》後，參考其基本圖而提出不同的觀察，並同時再加上另外兩種角度——即，「內容」與「流程」——做進一步闡釋，如下圖 12-1 所示。

　　所以說，依據對「流程」、「內容」，及「對方」的重視程度，上司可能扮演八種角色，以教訓、教導、教育或培育未來領導人或接班人。

	Teacher	Trainer	Speaker	Manager/Leader	Consultant	Facilitator	Mentor	Coach
1.對「對方」的重視程度	小	小	小	小/中	中	大	大	大
2.對「內容」(content) 的重視程度	中	大	大	大/中	大	小/中	中/大	中
3.對「流程」(process) 的重視程度	小	小	小	中/大	中	大	小	大

圖12-1　從「教訓」到「教練」

中國先賢韓愈說：「師者，傳道、授業、解惑也。」傳道，是一個層級，主要在傳授各種新知舊聞的知識與道理；

授業，是另一個層級，在授受事業、完成事業任務；最後一層級的解惑，應是在協助事業與人生的綜合性發展、解決各種疑惑了。中國古時拜的「師父」（master）應是兼具上圖中的八種角色！所以常是：生活、工作、學習、應用都在一起，為師的軟硬兼施、公私夾雜、亦師亦友、似嚴還慈，最後還成為：「一日為師，終身為父」，很嚇人的。而 master（師父）也像 master key（萬能鑰匙）一樣，幫你解決所有問題。

現代人不可能身兼八職，但也總是忽略了 "Coach" 這一層級的重要性。包熙迪在他《執行力》一書中強調，未來每個領導人都必須是 Coach，教練的方式才是強化部屬執行力的單一最重要工具。

所以，優秀領導無需走向悲劇的英雄式領導，可以變身為教練，或教練的教練。或許，當不當教練，看法各異，仍有爭議；但，現代管理中，必須健全 ARCI，必須授權授責，殆無疑義。

「大將軍」當責不讓、責無旁貸，綜理全軍；也請培育眾將領，但不必搶著管理眾大、小兵，來看下述這則中國歷史故事。

12.3 你是「將」將，還是「將」兵？

學貫東西的許倬雲博士寫的《從歷史看領導》一書中，說了一則歷史故事：

「漢高祖問韓信：攀噲能帶多少兵？

韓信答：十萬人

漢高祖再問：滕嬰能帶多少兵？

韓信答：滕嬰善帶騎兵，其他兵不擅長。

漢高祖又問：那我本人可帶多少人？

韓信答：一千人左右。

漢高祖不悅。再問：那你韓信可帶多少人？

韓信答：多多益善。

漢高祖更不悅，韓信才說：

你能將將，我能將兵。

韓信的意思是：漢高祖能領導眾將領，而我韓信自己只能領導眾大兵。」

歷史學家許倬雲博士續評：「韓信只是個帶兵之人，不是領將之才；後來不免死於未央宮，因為他手下沒有產生大將。」那麼，韓信是「知彼知己」，卻不能「即知即行」，終究是宿命，不免令後人浩嘆了。

419

我們常聽到：「強將」手下無「弱兵」。在企業界，我
常看到的則是「強大將」手下有一群「弱小將」，大將威權
無限、魅力十足，領軍作戰、將士用命，無敵不克、無堅不
摧。其下的諸小將們呢？唯唯諾諾，無足輕重。大將疲累
時，不免自嘆：沒有我，大軍怎麼辦？但顧盼自雄，心裡其
實是蠻得意的。

在 ARCI 運作中我曾提到，被賦權的 A 的位階應儘量往
下層派，直到「資格」有了疑慮。大將軍則退為 C，C 是顧
問的 "Consulted"。如果你要更積極培養眾中、小將，C 還應
再提升為教練級的 "Coach"。在企業裡，大將軍如真有意，
甚至還可當 R，如 Intel 的前 CEO 葛洛夫般地建立典範。當
大將軍已放心準備交棒時，就成為 I 了；當然，後來連 I 也
不是，悠遊世界去了。「廉頗老矣，尚能飯否？」老將老的
不只是體力，老得更快的是智力，是學習力；如不能保持新
的學習，不只「學歷無用」，也「經驗無用」。

英國實務派管理大師阿代爾，在論述「直線領導」時，
力主大將軍惟有在緊急的特殊狀況下，才能對眾大兵直接下
命令的。

美國哈佛商學院塞蒙斯教授在他的《組織設計的槓桿》
中，也有一段論述「當責的幅度」。他說：以前的組織在要

求對成果承擔當責時，是對高階經理人提出的；但，在現代的組織設計中，各個階層的領導人都應在各階段成果承擔當責。如果以圖表示，下圖 12-2 最清楚，由左方的中央集權制走向右方的分權決策制，當責的幅度由高階經理人，不斷往中階乃至第一線人員延伸，直到資格有問題而停住、而暫時停止授權授責，加強培訓。

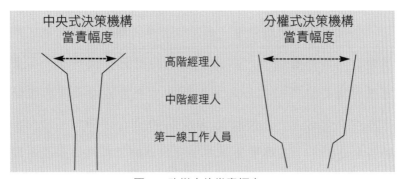

圖12-2改變中的當責幅度

（ 取材自：R. Simons: Levers of Organization Design ）

當「當責幅度」由上往下移動，如圖 12-2 的由左而右，那麼造成的結果是：強將手下固無弱兵，亦無弱小將，而且後繼有將才。

如果在組織內，大將、中將、小將，大兵、中兵、小兵能連成一線，就成了管理大師夏藍（R. Charam）名著《領導管路》（Leadership Pipeline）中所敘述的領導「管路」

了。領導人不能讓領導「管路」中，空掉一截，要即時注滿它。然後，才可以像 IBM 在全盛時代，一位銷售副總說的：在 IBM，在頂端走了一位 CEO，在底端就再補進來一個業務員。

12.4 戴幾頂帽子的問題

在西方公司的組織中，如果你身兼二職，就說你戴了兩頂帽子。如果有個人，頭戴了兩頂甚至更多頂帽子，那麼他很可能是公司的明日之星。因為，多個專案經理都在爭取他，於是他的工作時間就 60％ 與 40％，或 30％、30％ 與 40％ 地分掉了。在專案團隊中，有能力的工程師如果能多戴幾頂帽子，肯定能增加專案成員的靈活度，也可增長自己學習與見識乃至創新力。可惜常看到的是，團隊成員大多只能習慣於：全身而進、全身而出，從一而終、難以一身二用。

然而，我們的領導人，就不同了。他們大都不只一頂帽子，而是無數頂帽子，其中許多帽子都是虛的、有名無實的，這些帽子都應該下放一階、二階，甚至三階地讓部屬授權授責，名實相符地承擔當責。讓「責任守恆定律」恢復作用、讓組織因「當責不讓」而恢復活力、也讓整條「領導管

路」充滿活水與活力。

用當責的概念與工具栽培人才，讓各級人才具備當責的人格特質，最後成為第五級「責任階梯」中不偏不倚、有攻有守、有所為有所不為的將才，免除了第一級與第六級的「責任感中毒」遺害。

回顧與前瞻：

培育人才應該定性、定量地化為KPI，寫在領導人的「非財務目標」的「學習與成長」項目上，階級越高越需要具體要求。以ARCI的角色責任圖解為例，就是要培養出所需的A級人才。我們在許多討論中都提到要做到："Let go and Grow." 意即：放手，而後能成長。

放手（let go）的是誰？是C

成長（grow）的是誰？是A；事實上也會是C，及隨後的R們。可惜，「放手」又正是害怕賦權的第一大因素。經理人應以ARCI為方法，為流程，為架構，逐漸放權，放手。以一年、兩年或三年為目標，訂下由「授權」（delegation）提升到「賦權」（empowerment）的時間表，唯有賦權才能真正培養人才，也唯有被賦權的人，才能真正賦權下面的人。

結語　# 當個「當責領導人」

當責是管理的靈魂，當責也是領導的靈魂。當責是那「一
以貫之」的領導之道，讓我們再一次審視現代「當責領導
人」的三個行動面，及其在未來大競爭中，將會具有的
「當責優勢」(Accountability Advantages)

ACCOUNTABILITY

美國奇異電氣前 CEO 伊梅特，自強人威爾許手中接下重任後，第五天即接受了 911 世貿崩毀的震撼教育，GE 許多事業部直接蒙受巨大打擊。歷經滄桑四年後的 2005 年，伊梅特所帶領的 GE 團隊，重新站上《財星雜誌》「全球最受尊崇公司」第一名。他對「領導」有了一段刻骨銘心的心路歷程，他說：

> 「在我們現在所處的世界裡，領導力（leadership）是指
> 關於進入你自己的一段熱烈旅程；極為熱烈——尤其是
> 當你決定要進入全程時。這個旅程是有關：
>
> 你將要進入多遠，
>
> 你將要學習多快，
>
> 你可以改進多大。
>
> 你永遠無法得到最頂層的工作——如果你只想用你現在
> 所知的；領導人如要達於頂層，那是有關：
>
> 你學習得多快，
>
> 你調適得多大。」

　　下面所述，我們要思考一些領導人——尤其是當責領導人，在學習與調適的旅程中，幾個重要據點與實際行動，有些確是需要熱烈迎戰的。

領導人不是被委派的，領導人存在於各組織各階層之中

彼得・杜拉克在《有效經營者》中，對「領導人」的揮灑空間有一段精彩論述。他強調，經營者要「聚焦在貢獻上」（focus on contribution），不是「聚焦在氣力上」（focus on efforts）。他說：「當經營者聚焦在貢獻──對組織的最後貢獻上，那麼他會把他的注意力移出他自己的專攻領域、他自己的狹窄技能、他自己的所屬部門；然後，轉向整體績效。所以，他的注意力必然轉到『外界』──因為只有『外界』才是唯一可以獲得成果（results）的地方。」

杜拉克又說：「聚焦在『氣力』（efforts）上的人，總是強調位階的權柄。但，不管他的職稱與位階有多尊崇，他終究仍只是一位部下或從屬（subordinate）。然而，一個人如能聚焦在貢獻上，對成果負責；那麼，不論他多年少，以管理學名詞上最簡單的字意來說，他就是『最高管理人』（top management）──因為，他為他的整個績效擔起當責。」

如果，不能為成果擔起當責，再資深的人也是從屬、部屬，他總是在看老闆臉色、仰人鼻息。如果，能為成果擔起當責，再年少的人也算頂層、是最高管理人，他知所當為、為所當為、全力以赴，並交出成果。

對華人世界來說，「聚焦在氣力上」還另有個潛在危

機，那就是：「氣力」將為所謂的「雖敗猶榮」、「沒有功勞，也有苦勞」留下伏筆。

「當責領導人」把當責列為「價值觀」，甚至「核心價值觀」

領導人的字意與含義都是領之、導之——亦即能對「跟隨者」在思想、心態、行為、行動、活動、執行、成事之間，領之、導之，並於適要時管之、理之。

因為，「價值觀」經進一步分析澄清後，可成「信念」；信念如課以生活經驗印證後，可成哲理；哲理佐以各種切身攸開的議案專題，即成原則；原則中配合事件之優先次序，即成概念；概念化（conceptualization）後態度轉化與應用於活動中，就進入行動致果的最後階段了。

這段「概念化」的過程，西方管理學上稱之為「概念化能力」（conceptualization ability），是檢驗一個人是否真正具備領導能力的重要標準。整個思維過程，有時如電光石火、即思即用；有時是細火慢燉、陷入數日長考。但，領導人由「價值觀」出發，縱使思想、行動再博大龐雜，終是一以貫之、前後一致，這種能力構成了領導人的重要特質。

孔子學說博大精深、源遠流長，影響著幾十億人幾千

年，孔子卻說：「吾道一以貫之，忠恕而已。」以現代管理學名詞來說，這個「忠恕」就是孔子思想與行動的「核心價值觀」了。

如果，當責成為「核心價值觀」，在企業活動的許多反覆激盪，與不斷淬煉、煎熬的過程中，會逐漸形成下列左側的領導特質：

* 信任、可信度←→負責到底、沒有藉口、當責不讓

* 誠信←→有報告、有後果、有承諾、有成果

* 透明度←→願報告、能賦權、具平衡目標

* 一致性←→發達自個人當責、身教言教一以貫之

* 執行力←→兼顧戰略、戰術、戰鬥、戰技，及心理／文化戰；並用個人、個體、團隊、組織，及社會當責

* 互信互賴性←→授權授責、知己知彼、誠信互動

* 權責分明←→有「責任圖解」，用當責的紀律與工具

* 領導力←→當責不讓

「當責領導人」領導一小組人、一團隊人、一個事業單位、一個龐大機構，會發揮當責的影響力，形成一小組、一團隊、一個事業單位、一個龐大機構的當責文化，以當責為價值觀之一。

企業領導人，如以當責為「核心價值觀」也是「德不孤，必有鄰」。我在第一章中曾述及美國管理學會調查有61％公司把當責列為企業「核心價值觀」，在二十項目中高居第三名。

企業建立了當責文化，會形成了企業在競爭上難以模仿的「當責優勢」。

「當責領導人」在未來大競爭中將具有「當責優勢」

說「當責」是領導力大拼圖中「最大一塊」拼圖的，是美國前德士古石油公司 CEO 畢哲。他不只身為當責典範，還在公司推動「全面當責管理」；他無法忍受平庸之才，嚴格要求部屬承擔當責。在第一章中已曾述及。

21 世紀初的現在，「當責」正快速進入各種形式領導系統的心臟區，當責領導人正透過當責的紀律、流程、架構、以及工具，以領導自己、領導組織、並將進而提升企業與社會價值。

沒有當責的躍動與驅動，很難看清楚人類亙古以來心內的價值與吶喊，以及未來企業與社會的發展脈動、趨勢；沒有當責的躍動與驅動，很難有真正有生命、有效果的領導。「當責領導人」知道何從、何去，在未來大競爭中，將具有

「當責優勢」，這個「當責優勢」將在各式各樣激烈競爭或前端領導上，總是多擁有了5%、10％，或再多一點的銳利與銳力（edge）。

實例：現代「當責領導人」的三個行動面

最後，我要引述在美國專為中小企業服務的ALL Business 機構所強調的，一篇有關定義「領導人當責」的關鍵論文。他們在做完廣泛資料收集與經驗研討後，提出了「當責領導人」的三個行動面及其執行細節：

1. 承擔責任

當責不讓，奉獻在組織的福利上。

* 承擔責任，是當責領導人的第一大特質。

* 接受事實真相，不是選擇性接受——縱使事實真相並非個人所望。

* 自擁周遭環境的因，與行為、行動的果；不計自己的願望。

* 願意為自己與組織的行動，承擔起個人責任。

* 為自己與部屬的產出（outputs）負起當責。

* 為大眾、非為個人，清晰表達願景。

* 為活動、環境、已完成的結果，也為未來方向與未來

成就，承擔責任。

2. 公眾共鑑

不論是否被明確期望；必要時，個人行為、言語，與回應，皆可公諸公眾。

● 自亞里斯多德時代以降，當責即與公開（openness）及透明（transparency）緊緊相連。

● 常自問：「如果，我如此行，有關人士會有什麼反應？」

● 公開與直率（condor）是當責的關鍵本質。

● 誠實、直率、公開是團隊與組織，公開「對談」時的有力工具。

● 言行如一：如果客戶服務是重要的，就找出時間與客戶相處吧！

● 避免讓自己的生活被分割成為相異的行為模式或價值觀。

● 彰顯自己在內在價值觀／信念與外在行為上，一以貫之的特質。

3. 說明理由

可以針對有關人員的要求，說明自己信念、決策、承諾，及行動。事實上，這點也正是《韋氏字典》中，對「當

責」定義內所述：“being answerable” 的精義。

- 對過去事件，提供詳細說明。
- 對所說、所做，提出理由根據。
- 告訴有關人員，行動與決策的過程。
- 說明行動為何有成果？為何無成果？
- 可以簡單回答：Yes 或 No。不會迴避、沒有遁詞、沒有「但是」。
- 坦承決策的好與壞，也願清楚解釋由來。
- 坦承錯誤，並為錯誤所造成的衝擊致歉。

看來，當個「當責領導人」，仍需有許多努力與堅持。當責的本質與紀律，與當今一些工商實務是仍有些距離、仍有些疑慮；但，本質就是本質，紀律就是紀律；還記得「聖經」箴言中的勉勵嗎？「愚昧的人，藐視智慧與紀律。」

由個人成功、團隊成功、組織經營成功，乃至社會貢獻的角度來看，我們需要越來越多的「當責領導人」。這個趨勢的背後有壓力，壓力不只來自內在的驅策，也來自外界越來越多、越來越大、也越來越急的驅策。

讓我們有志一同，當責不讓，後發先至。

當責不讓，交出成果；做個現代與未來領導人。

後記

喜你，終於看完本書，走過了一段有關權責糾纏與成
敗相生的探索之旅：

* 幾許震撼、幾許心底的衝激──但是，希望不要太快
  平息。

* 有些同意、有些不太能認同──那麼，趕快去檢驗去
  行動！

* 部分可行、部分仍有些風險──請問，有哪些事業不
  冒險？

希望你，繼續你自己另一段的探索與行動之旅。

古中國有人曾說，看書、思考最佳有三上：馬上、廁上
與枕上。這本書適合這三上：

馬上：想想徐馬入林，手中一卷書的悠閒；或書讀完、
策馬奔馳後的靈光乍現。想想長程驛馬車上的一段獨立時

光，驛站小憩時的一陣創意盎然。那麼，金戈鐵馬、兵馬倥傯的「馬」呢？也有可能，君不聞美國「沙漠盾」行動中，總司令柯滋瓦洛夫將軍不也在伊拉克沙場上分送將領每人一本「孫子兵法」嗎？又據說，拿破崙即使在征途馬車上，也時時刻刻在看書；看完的書隨手拋出車外，還形成一條行跡線。當然，古時的馬，今日已化成各式交通工具；本書適合在現代的汽車、飛機、火車、遊艇、遊輪上翻閱或細讀。

廁上：有點味道；有人用鼻煙壺，有人還是努力閱讀，環境肯定可以刺激思考。記得以前在中國做生意時，聽過一則故事：毛主席語錄風行全國時，幾乎人手一冊，讀後感也是每人好幾則。有位老兄說，有次如廁捧讀，原本排解不通的，一下全通了；想想看，體內腦內全通、身心靈俱暢通，歡愉難以形容；古、今、中、外多少人都有此經驗！也難怪管理大師湯姆彼得斯建議在廁所擺一本他的書。本書也適合擺上一本。

枕上：舊金山灣區的江瑞鵬顧問說，希望這本書能成為企業人的 "nightcap"。Nightcap 在歐美舊時，是睡覺時戴的軟帽；但今日已指「臨睡一杯」──緊張忙碌的一天終於過去了，想想：背倚香枕，臨手一杯，淺斟細酌，溫暖入口，通體舒泰，心曠神怡；再看本好書，腦中、心中、思路上也

流通些激素。在枕上,天大的事也暫擱下,從書中得些創見、創意吧,天明後又是好漢一條,明天會不一樣。這本書也適合這個目的。

　　所以,這本書宜一人買多本,分置各處;因不同場合,風味將有不同,不宜混用。

　　現代人看書思考,容或有所不同,我倒認為也有三上:讀書會上、研討會上,與企業戰場上。

　　讀書會上:獨樂不如眾樂,獨讀不如眾讀。讀書會中,會員無私分享、無邊討論,足以激發許多靈光與創見。各想所以,各取所需。有些人,官做大了,不喜歡被「教」;故,在此眾生平等場合中,各自抒發,或潛移默化,或站立別人肩膀再次眺望。最後,收與不收,用或不用,盡在我心,很有成就感的。

　　研討會上:是正式討論,通常都有專題或特案的,有目標要達成的。有專家或顧問在場,有時更有「輔導師」(facilitator)在一旁協助。研討會花錢、花力、花公家時間,要有正式結果。所以,別忘了第十一章中的建議:會議結束前二十分鐘要問,「那麼,下一步是什麼?」或者,洋派些:"So, What's the next action?"

436

企業戰場上：企業人常說，練兵最好的地方就是戰場。所以，具備了基本邏輯、基本概念、基本技術後，就上戰場吧！戰後，會有許多意外收穫的。反正，戰前集訓時，人人恍恍惚惚；大戰時，臉青鼻腫、心力交瘁；戰後訓練才能事半功倍，甚至以一擋百。本書可當戰前、戰中、戰後的教戰守則。

　　閒話少說，書歸正傳。

　　第一次有意識地遇見「當責」是在 1990 年代初期的杜邦公司工作上。當時，身處一個由美國與亞太區國家及部份歐州國家合組成的跨國團隊中，團隊目標是推廣各種管理工具，以協助各事業部提升營運品質。「當責」與 RACI/ARCI 即是當時一項重要工具。自是而後，我戮力探討當責的原理與應用，從未中斷，倏忽又三十餘年。

　　感謝杜邦公司的啟迪與當時許多同事的切磋、爭執、應用與分享。

　　第一次把當責的原理與應用經驗寫成書稿，是在 2003 年夏季。當時，帶著唯一的手稿，參加在北卡羅萊納州「創意領導中心」（Center for Creative Leadership）有關「領導教練」的研討會。不意，不明原因失落。當時曾驚動全中心，

做了地毯式搜索,再加上隨後三十餘通長途與國際電話追蹤,最後仍是杳如邈邈。痛苦不堪,也封筆近兩年。

本書初稿完成是在 2006 年三月的舊金山東灣區。完稿後,承蒙灣區顧問江瑞鵬與翁志道博士多次商討,不乏鍼砭。多謝他們兩位精闢與精準的評論與意見,意見亦散見本書中。初稿二讀開始於四月中旬;時,灣區仍是每天下著雨,說是破了一百年來記錄了;又過了舊金山一百週年大地震的紀念日,二讀始完成;架構更清晰、行文更流暢、用詞遣字也更具可讀性了。

2006 年 6 月,本書全稿在台北蒙保德信人壽資深副總林宏義先生、美國安華高科技全球副總裁詹文寅先生、《EMBA 雜誌》總編輯方素惠小姐、昇陽國際半導體董事長楊敏聰博士、京元電子梁明成總經理、宏達科技執行長林渝寰博士等等詳批細閱。最後,又蒙中央大學企研所所長林明杰博士多次共長達數小時的批判嚴考,差點難以全身而退。中間也有出版商的意見,很感激中國生產力中心的出版,也感謝另兩家大出版商,因出版時間談不攏而作罷,但兩位總編輯都表示,雖無緣出版,仍希望「當責」的觀念能因此而盛行台灣,乃至華人世界;「太重要了!」他們說。

還要感謝在最近幾年顧問生涯中,共同體驗的科學園

區、研究院、工業區、大學裡的許多朋友們；有了這許多熱情、批評、建議,與鼓勵,本書才得以初步成稿。

2006 年 8 月,我又回到舊金山東灣區,重看初稿時,漏洞層出,驚出一身冷汗——這種書也敢出版!真感動當初看完初稿,就真誠鼓勵甚至下斷言:此書必受歡迎的朋友們;當然,更有幾百本已經預下的訂單!於是,每日清晨五時即起,五改原稿。在北美烏鴉的晨操中,揮指急打電腦,希望把道理與故事說得更清楚。

舊金山東灣的清晨鴉叫,真值得懷念。華人說,烏鴉有烏鴉嘴,是不吉利的。但,《聖經》「創世記」第八章上說,四十天傾盆大雨停後,又百餘天,水退了;諾亞方舟上,放出來報佳音的第一隻飛鳥就是烏鴉。這些烏鴉們是報佳音的,大地將重新滋養生育、恢復生機!

9 月 18 日,最後稿完成。衷心盼望各位讀者的分享、指教,與批評。請用 e-mail 與我聯繫:wayne_chang@strategos.com.tw,或直接來電手機:0919-206-128。

參考文獻與延伸閱讀

1. Bruce Klatt, Shaun Murphy, David Irvine, Accountability, Kogan Page, 1997

2. Debbe Kennedy, Accountability, Berrett-Koehler, 2000

3. Rob Lebow, Randy Spitzer, Accountability, Berrett-Koehler Publishers, 2002

4. S.R. Lloyd, Accountability, CRISP, 2002

5. Bruce klatt, shaun Murphy & David Irvine, Accountability: Getting a Grip on Results, Bow River Publishing, 2003

6. Ginty Bums, A is for Accountability, Trafford, 2005

7. Gerald A. Kraines, M.D., Accountability Leadership, Career Press, 2001

8. W. Chan Kim, Renee Mauborgue, Blue Ocean Strategy, HBS press, 2005

9. Glenn M. Parker, Cross-Functional Teams, Jossey-Bass,

2003

10. Marc J. Epstein, Bell Birchard, Counting What Counts, Perseus Books, 2000

11. L. Bossidy & R. Charan, Execution, Crown Business, 2002

12. D.A. Nadler, J. L. Spencer, Executive Teams, Jossey-Bass, 1998

13. P. Koestenbaum & P. Block, Freedom and Accountability at Work, JOSSEY-BASS/PFEIFFER, 2001

14. Mark Lipton, Guiding Growth, HBS Press, 2003

15. David Allen, Getting Things Done, Penguin Books, 2001

16. Barcus & Wilkinson, Handbook of Management Consulting Services, 2nd ed., McGraw-Hill, 1995

17. Roger Connors, Tom Smith, Journey to the Emerald city, Prentice Hall Press, 1999

18. Brain Cole Miller, Keeping Employees Accountable for Results, AMACOM, 2006

19. Robert Simons, Levers of Organization Design, Harvard Business School Press, 2005

20. James M. Bleech, Dr. David G. Mutchler, Let's Get Results, Not Excuses! Lifetime Books, 1996

21. Jim Collins, Good to Great, Harper Business,2001

22. Robert Slater, Microsoft REBOOTED, Portfolio, 2004

23. John G. Miller, Personal Accountability, Denver Press, 1998

24. John G. Miller, QBQ/Denver Press, 2001

25. Dennis T. Jaffe, Cynthia D. Scott, Glenn R. Tobe, Rekindling Commitment, Jossey-Bass, 1994

26. A. Hartman, Ruthless Execution, Prentice Hall, 2004

27. Patrick Lencioni, Silos, Politics and Turf Wars, Jossey-Bass, 2006

28. R.S. Kaplan, D.P. Norton, Strategy Maps, HBS Press, 2004

29. Stephen R. Covey, The 7 Habits of Highly Effective People, Free Press, 2004

30. Stephen R. Covey, The 8th Habit, Free Press, 2004

31. John Marchica, The Accountable Organization, Davies-Black Publishing, 2004

32. John Hoover & Roger P. DiSilvestro, The Art of Constructive Confrontation, John Wiley, 2005

33. Mark Samuel, The Accountability Revolution, Facts on Demand Press, 2001

34. R.S. Kaplan, D.P. Norton, The Balanced Scorecard, HBS

Press, 1996

35. J.R. Katzenbach & D. K. Smith, The Discipline of Teams, Wiley, 2001

36. Thomas H. Davenport, Thinking for a Living, Harvard Business School Press, 2005

37. Patrick Lencioni, The Five Dysfunctions of a Team, Jossey-Bass, 2002

38. Robert J. Herbold, The Fiefdom Syndrome, Currency, 2004

39. David Magee, Turnaround: How Carlos Ghosn Rescued Nissan, Harper Business, 2003

40. J.M. Kouzes, B.Z. Posner, The Leadership Challenge, Jossey-Bass, 1987

41. R.Charam, S. Drotter, J. Noel, The Leadership Pipeline, Jossey-Bass, 2001

42. Dan Steinback, The Nokia Revolution: The Story of an Extraordinary Company That Transformed an Industry, AMA, 2001

43. Roger Connors, Tom Smith, and Craig Hickman, The OZ Principle Portfolio, 2004

44. Mark Samuel & Sophie Chiche, The Power of Personal

Accountability, Xephor Press, 2004

45. Herb Baum, The Transparent Leader, Harper Business, 2004

46. Jon R. Katzenbach, Douglas K. Smith, The Wisdom of Teams, Harvard Business School Press, 1993

47. J. Lipnack & J. Stamps, Virtual Teams, 2nd ed.,Wiley, 2000

48. Jack Welch, Winning, Harper Business, 2005

49. Jeffrey Hollender & Stephen Ferichell, What Matters Most, Random House, 2004

50. Joan Magretta, What Management Is, Free Press, 2002

51. G.W. Dauphinais, G. Means, and C. Price, Wisdom of the CEO, Wiley, 2000

52. Louis V. Gerstner,Jr., Who Says Elephants Can't Dance? Harper Business, 2002

53. 陳正芬譯,《QBQ! 問題背後的問題》, 遠流出版公司, 2004

54. 吳鴻譯,《QBQ! 的 5 項修練》, 遠流出版公司, 2006

55. 黃榮華, 梁立邦著,《人本教練模式》, 經濟新潮社, 2005

56. 洪懿研等譯,《未來管理：MIT 史隆管理學院精要》, 天下出版社, 2003

57. 王文華著,《史丹佛的銀色子彈》,時報出版,2005

58. 江麗美譯,《勇於負責》,經濟新潮社,2001

59. 吳信如譯,《個體的崛起》,時報出版社,2003

60. 陳琇玲譯,《責任感病毒》,早安財經文化,2004

61. 蘇元良著,《嗥嗥蒼狼》,財訊出版社,2005

62. John Adair 著,施昱如譯,《領導力》良品文化,2005

63. 香港中文大學校外進修部主編,《管理與承擔》,台灣商務印書館,1991

64. 李宜勳譯,《還在找代罪羔羊?》,中國生產力中心,2003

65. 上原橿夫著,朱廣興譯,《願景經營》,洪建全基金會,1996

國家圖書館出版品預行編目資料

當責/張文隆著. -- 二版. -- 臺北市：商周出版：英屬
蓋曼群島商家庭傳媒股份有限公司城邦分公司發
行, 2021.10
　面；　公分
ISBN 978-626-7012-98-7(精裝)

1.組織管理 2.企業領導

494.2　　　　　　　　　　　　110015040

BW0786

當責（全新增訂版）

作　　　　者／張文隆
協 力 編 輯／李皓歆
責 任 編 輯／簡伯儒、劉羽芩
版　　　　權／黃淑敏、吳亭儀
行 銷 業 務／周佑潔、林秀津、賴正祐

總　編　輯／陳美靜
總　經　理／彭之琬
事業群總經理／黃淑貞
發　行　人／何飛鵬
法 律 顧 問／元禾法律事務所 王子文律師
出　　　版／商周出版
　　　　　　115 台北市南港區昆陽街 16 號 4 樓
　　　　　　電話：(02) 2500-7008　傳真：(02) 2500-7579
　　　　　　E-mail: bwp.service@cite.com.tw
發　　　行／英屬蓋曼群島商家庭傳媒股份有限公司　城邦分公司
　　　　　　115 台北市南港區昆陽街 16 號 5 樓
　　　　　　讀者服務專線：0800-020-299　24 小時傳真服務：(02) 2517-0999
　　　　　　讀者服務信箱 E-mail: cs@cite.com.tw
　　　　　　劃撥帳號：19833503　戶名：英屬蓋曼群島商家庭傳媒股份有限公司城邦分公司
訂 購 服 務／書虫股份有限公司客服專線：(02) 2500-7718；2500-7719
　　　　　　服務時間：週一至週五上午 09:30-12:00；下午 13:30-17:00
　　　　　　24 小時傳真專線：(02) 2500-1990；2500-1991
　　　　　　劃撥帳號：19863813　戶名：書虫股份有限公司
香 港 發 行 所／城邦（香港）出版集團有限公司
　　　　　　香港九龍土瓜灣土瓜灣道 86 號順聯工業大廈 6 樓 A 室
　　　　　　E-mail: hkcite@biznetvigator.com
　　　　　　電話：(852) 25086231　傳真：(852) 25789337
　　　　　　E-mail：hkcite@biznetvigator.com
馬 新 發 行 所／Cite (M) Sdn. Bhd.
　　　　　　41, Jalan Radin Anum, Bandar Baru Sri Petaling, 57000 Kuala Lumpur, Malaysia.
　　　　　　電話：(603) 9056-3833　傳真：(603) 9057-6622　E-mail: services@cite.my

封 面 設 計／雞人工作室、簡至成
美 術 編 輯／簡至成
製 版 印 刷／韋懋實業有限公司
經　銷　商／聯合發行股份有限公司　電話：(02) 2917-8022　傳真：(02) 2911-0053
　　　　　　地址：新北市 231 新店區寶橋路 235 巷 6 弄 6 號 2 樓

■2011 年 9 月 15 日初版 1 刷　　　　　　　　　　Printed in Taiwan
■2021 年 1 月 26 日初版 24 刷
■2024 年 6 月 25 日二版 4.7 刷

定價 550 元　HK$183　　　　版權所有・翻印必究
ISBN: 978-626-7012-98-7　　ISBN: 9786263180000 (EPUB)

城邦讀書花園
www.cite.com.tw

商周出版

廣　告　回　函
北區郵政管理登記證
台北廣字第 000791 號
郵資已付，免貼郵票

115 台北市南港區昆陽街 16 號 5 樓
英屬蓋曼群島商家庭傳媒股份有限公司
城邦分公司

請沿虛線對摺，謝謝！

商周出版

書號：BW0786　書名：當責（全新增訂版）　　　　　編碼：

讀者回函卡

線上版讀者回

感謝您購買我們出版的書籍！請費心填寫此回函卡，我們將不定期寄上城邦集團最新的出版訊息。

姓名：＿＿＿＿＿＿＿＿＿＿＿＿＿＿＿＿＿ 性別：□男 □女

生日：西元＿＿＿＿＿＿年＿＿＿＿＿月＿＿＿＿＿日

地址：＿＿＿＿＿＿＿＿＿＿＿＿＿＿＿＿＿＿＿

聯絡電話：＿＿＿＿＿＿＿＿ 傳真：＿＿＿＿＿＿＿

E-mail：

學歷：□ 1. 小學 □ 2. 國中 □ 3. 高中 □ 4. 大學 □ 5. 研究所以上

職業：□ 1. 學生 □ 2. 軍公教 □ 3. 服務 □ 4. 金融 □ 5. 製造 □ 6. 資訊

□ 7. 傳播 □ 8. 自由業 □ 9. 農漁牧 □ 10. 家管 □ 11. 退休

□ 12. 其他＿＿＿＿＿＿＿＿＿＿

您從何種方式得知本書消息？

□ 1. 書店 □ 2. 網路 □ 3. 報紙 □ 4. 雜誌 □ 5. 廣播 □ 6. 電視

□ 7. 親友推薦 □ 8. 其他＿＿＿＿＿＿

您通常以何種方式購書？

□ 1. 書店 □ 2. 網路 □ 3. 傳真訂購 □ 4. 郵局劃撥 □ 5. 其他＿＿＿

您喜歡閱讀那些類別的書籍？

□ 1. 財經商業 □ 2. 自然科學 □ 3. 歷史 □ 4. 法律 □ 5. 文學

□ 6. 休閒旅遊 □ 7. 小說 □ 8. 人物傳記 □ 9. 生活、勵志 □ 10. 其他

對我們的建議：＿＿＿＿＿＿＿＿＿＿＿＿＿＿＿＿＿＿

＿＿＿＿＿＿＿＿＿＿＿＿＿＿＿＿＿＿＿＿＿＿＿

＿＿＿＿＿＿＿＿＿＿＿＿＿＿＿＿＿＿＿＿＿＿＿